엑스비 Xbee
무선 아두이노 FUN!

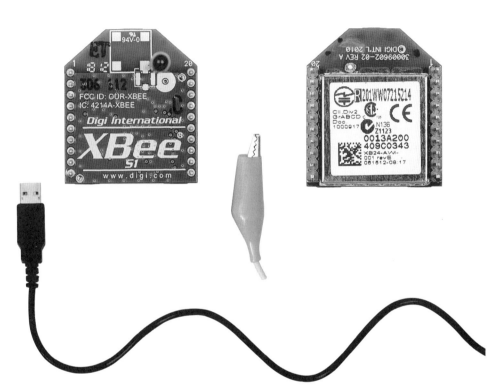

엑스비 Xbee
무선 아두이노 FUN!

정욱진 | **심재창** 지음

카오스북
CHAOS BOOK

엑스비 Xbee
무선 아두이노 FUN!

펴낸날	2015년 8월 10일 초판 1쇄
지은이	정욱진·심재창
펴낸이	오성준
펴낸곳	카오스북
주소	서울시 서대문구 연희로 77-12, 505호(연희동, 영화빌딩)
출판등록	제25100-2015-000037호
전화	02-3144-3871, 3872
팩스	02-3144-3870
홈페이지	www.chaosbook.co.kr
편집	디자인 콤마
정가	13,000원
ISBN	978-89-98338-81-7 93560

머리말

아 두이노를 처음 대하는 많은 분들과 "재미삼아 아두이노" 책을 지금 막 다 읽은 분들이 쉽게 따라할 수 있는 엑스비 무선통신 책을 소개하려 한다. 이 책은 "재미삼아 아두이노"와 비슷하게 목차를 유지함과 동시에 조금 더 깊이 있는 내용들을 연결하고자 노력하였다. 그래서 처음 아두이노를 배우려는 학생들에게 조금 더 깊이 있는 교육을 하려는 목적으로 이 책을 선택해도 좋다.

엑스비/지그비 무선통신 네트워크 기술 중에는 여러 가지 다양한 옵션 기능들을 사용하여 꽤 복잡한 무선망을 구축하는 기술도 있지만, 이 책에서는 초보자를 위한 엑스비 무선통신 방법을 중심으로 기술한다. 그리고 엑스비 통신을 아두이노에 어떻게 연결하고, 무선 데이터를 PC에서 그래픽(GUI)환경으로 처리할 수 있는 별도의 프로그램에 대해서도 간단히 소개한다.

엑스비 무선통신은 전기처럼 눈에 보이지 않는 어떤 작용을 이용하는 것으로, 초보자 특히 공학을 전문적으로 공부하지 않은 사람들에게는 꽤 공허한 이야기처럼 들릴 수 있을 것이다. 그래서 공학 전공이 아니어도 쉽게 엑스비 무선통신을 이용할 수 있도록 내용을 설명하려 노력하였으며, 아두이노를 능숙하게 다루지 못하는 이라도 쉽게 따라할 수 있도록 노력하였다.

가까운 미래에는 사물인터넷(IOT: Internet of Things) 개념이 일반화되어서, 스마트 전력(smart energy)을 이용하거나, 아름다움을 표현하는 웨어러블 컴퓨터를 사용하거나, 개인의 건강정보를 처리하는 등의 다양한 목적으로 본인이 직접 무선망을 다루려는 수요가 있을 것으로 생각된다.

이러한 예상에 따라, 아두이노를 다루는 사용자가 엑스비 무선통신을 사용하는 데 필요한 몇 가지 기본 기술들을 중점적으로 준비하였으며, "재미삼아 아두이노" 교재와 연결하여 상호 보완적 관계가 되도록 배려하였다. 그래서 "재미삼아 아두이노" 교재를 익힌 분이면 이 책을 더 쉽고 편하게 대할 수 있을 것이다.

이외에도 예술가, 주부, 초/중/고 학생들 또는 취미로 엑스비 통신기술을 익히려는 분들에게도 매우 유익한 기초 기술서적이 되고자 노력하였다.

엑스비 무선통신 네트워크(또는 무선망)는 여러분이 가지고 다니는 휴대폰, 집안의 모든 가전기기들, 그리고 아두이노에서 다루는 다양한 센서 부품들과 서로 연결할 수 있는 기술이다. 그런데 공학 전문가가 아닌 내가 직접 사용법을 익혀 사용자 중심의 통신환경을 활용할 수 있을까? 그리고 꼭 그래야만 하는 필요가 있을까?

미래 사회에는 여러분 각자의 기술적 상상이 현실이 되는 시대가 될 것이다. 특히 나만의 통신환경을 만들어서 사용하는 것이 어렵지 않은 세상이 될 것이다. 이 책에서 언급하는 기초적인 기술 사용법은 향후 가까운 미래에 여러분의 경험을 더욱 풍족하게 해주는 데 도움이 되어줄 목적으로 썼다.

더 나아가 나만의 독특한 기술적 상상에 기초한 아이디어들을 스스로 쉽게 형상화된 기술로 표현하는 데 도움이 되기를 바란다.

지금부터 시작하는 엑스비 무선통신에 대한 공부는 아두이노를 한 번이라도 경험해 본 사용자라면 여기서 소개하는 기술이 그렇게 극복하기 어려운 기술이 아니라는 것에 동의할 것이다. 가벼운 마음으로 시작해보자!

이 책은 다양한 센서가 서로 다른 장소에서 동작하고 있을 때, 그 측정값들을 서로 연결하거나 또는 한 곳에서 제어할 수 있게 하는 실질적인 기술들을 소개한다. 다만, 더 복잡하고 더 지능적인 네트워크를 구성하는 방법에 대해서는 이 책의 예상범위를 벗어날 수 있다. 그래서 이 책에서 언급하지 않는 무선통신 기술에 대해 부족한 점을 느낄 독자들은 이 책이 전문가용이 아니라 초보자를 대상으로 쓰여진 책이라는 점을 상기하여 주기 바란다.

엑스비 통신은 우리가 알고 있는 블루투스통신, 와이파이통신과 비교하여 그 통신방법이 상당히 달라서, 꽤 독특한 통신환경을 쉽고 간단하게 구축할 수 있는 장점이 있다. 물론 경제적인 비용 관점에서도 독특한 장점이 존재하는 기술이다. 예를 들면, 넓은 지역에서의 환경정보 모니터링, 이동 중인 물체들의 정보 모니터링, 입는 컴퓨터를 이용한 정보 모니터링, 홈오토메이션, 스마트 에너지 시스템, 헬스케어 등을 매우 쉽고 간단하게 구현하는 통신환경으로 쉽고 저렴하게 만들 수 있다.

지금부터 엑스비 실습 시간이 즐거움으로 가득 차기를 바란다!

2015년 5월
정욱진, 심재창

차례

CHAPTER 4

노드 간 통신 실습   95

CHAPTER 5

엑스비 에너지 모드 설정   121

APPENDIX

부록   125

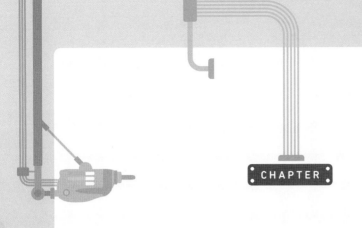

CHAPTER

1

엑스비 통신을
위한 준비

이 장은 하드웨어 부품들을 어떻게 준비하고, 어떻게 사용하는지를 설명한다. 더 나아가 하드웨어 구성품 이외에 X-CTU 소프트웨어와 프로세싱 소프트웨어를 어떻게 설치하고 사용하는지에 대하여 설명한다.

당장 시작해 볼까! 엑스비 통신은 당신에게 큰 선물이 될 것이다. 지금부터 천천히 그리고 빠짐없이 이 책이 안내하는 곳으로 가보자!

이 장은 엑스비 통신을 시작하기 위하여 어떤 부품들을 준비해야 하는지, 준비한 부품들은 어떻게 사용하는지에 대한 내용을 상세하게 설명한다. 엑스비 통신을 위하여 X-CTU 소프트웨어를 어떻게 설치하고 사용하는지에 대해서도 쉽게 설명하고, 동시에 또 다른 공개 소프트웨어인 프로세싱 소프트웨어를 엑스비 통신에 이용하기 위한 방법에 대해서도 설명한다.

1.1 안테나 종류

어떤 엑스비를 구매할까? 처음 시작하는 분이면 반드시 고민되는 것들 중 하나이다. 엑스비(XBee) 안테나 부품의 원제조사는 Digi International이다. 그렇지만 엑스비의 종류는 줄잡아 30가지 이상으로 다양하다. 그 이유는 크게 통신 프로토콜(통신방식을 이르는 용어)이 다르거나, 안테나 전력의 세기가 다르거나, 안테나의 형태가 다르게 사용되기 때문이다.

통신 프로토콜이 다른 경우를 먼저 살펴보자!

엑스비 통신 프로토콜 차이는 안테나 내부의 하드웨어 구성이 다른 것을 의미한다. 좀 더 구체적으로 표현하면 엑스비 시리즈1(XBee Series1 또는 S1)과 엑스비 시리즈2(XBee Series2 또는 S2)로 구분되어 서로 다르게 제작된 모듈을 의미한다.

(1) 엑스비 시리즈1(XBee Series1 또는 S1)

프리스케일(freescale) 반도체 칩을 사용하여 간단하고 표준화된 점대점(point to point) 통신을 제공하는 방식이다. 이 책에서는 엑스비 무선통신을 위하여 시리즈1 모듈을 사용한다. 만약 시리즈2 모듈을 사용한다면 이 책의 많은 예제들이 작동하지 않을 수 있다.

시리즈1 안테나에도 엑스비(XBee)와 엑스비 프로(XBee Pro) 버전으로 나누어 볼 수 있는데, 먼저 엑스비 버전에 대한 기술사양을 아래 표에서 참고할 수 있다. 엑스비 버전의 전체 핀 숫자는 20개이지만, 단순히 엑스비 통신만을 사용하는 경우 실제 동작에 이용되는 핀은 1, 2, 3, 10번뿐이다. 나머지 16개의 엑스비 핀들은 전기적인 연결을 하지 않아도 엑스비 통신이 가능하다는 의미이다.

엑스비 내부에도 작은 마이컴과 메모리가 내장되어 있어서, 안테나 자체적으로 간단한 컴퓨터 동작을 수행할 수 있다. 간단한 센서 데이터를 수집하고 송신하는 역할을 수행하도록 조작할 수 있는데, 이러한 목적을 달성하려면 나머지 엑스비 핀들의 사용법을 익힐 필요가 있다.

표 1-1 **엑스비 S1 핀 번호**

1	VCC		20	AD0/DIO0	
2	DOUT		19	AD1/DIO1	
3	DIN		18	AD2/DIO2	
4	DO8		17	AD3/DIO3	
5	RESET		16	RTS/AD6/DIO6	
6	PWM0(RSSI)		15	ASSOC/AD5/DIO5	
7	PWM1		14	VREF	
8	reserved		13	ON/SLEEP	
9	DTR/SLEEP_RQ/DI8		12	CTS/DIO7	
10	GND		11	AD4/DIO4	

- DOUT/DIN: 시리얼 데이터가 송수신되는 핀이다. DOUT는 엑스비로부터 시리얼 데이터를 출력(Tx)하는 용도이고, DIN은 엑스비로 시리얼 데이터를 입력(Rx)하는 용도이다. 데이터는 XBee 통신환경 설정에 맞게 이루어지는데, 기본 데이터 속도가 9600 보드레이트(baudrate)이지만 다양한 속도로 설정할 수 있다.
- 리셋(RESET): 하드웨어에 내장된 환경설정으로 엑스비를 재설정하는 핀이다.
- CTS/RTS/DTR: 이 핀들은 엑스비와 통신 연결된 장치 간의 핸드쉐이킹에 사용되는 핀이다. "핸드쉐이킹"이란 원격통신으로 데이터 통신이 연결된 상태를 말한다. 여기서 핸드쉐이킹은 DIN/DOUT 입출력 핀 이외에 추가로 입출력 통신 연결 상태를 만들수 있는 용도이며, 다른 펌웨어 프로그램들을 다운로드하거나 할 때 사용된다.
- DIO0~DIO7/DO8: 디지털 입력과 출력 핀이다.

- AD0~AD6: 10비트 아날로그 데이터를 디지털로 변환하여 엑스비에 입력하는 핀이다. 입력된 값은 라인통과(line passing) 방식을 사용하여 PWM 출력 핀으로 읽을 수 있다.
- RSSI: PWM 출력을 사용하여 RF 신호의 강도를 측정할 수 있다. 이 값은 AT 모드에서 신호 강도 데이터 또는 API 모드에서 패킷 데이터로 구성할 수 있다.
- PWM 0/1: 아날로그 출력으로 사용할 수 있는 10비트 펄스폭 변조 방식의 핀이다.
- ASSOC: 엑스비가 기존 네트워크에 가입하도록 설정할 수 있는 특정 매개 변수이다.

그림 1-1 엑스비(S1) 안테나와 엑스비Pro(S1) 안테나

표 1-2 XBee와 XBee Pro의 비교

규 격(Spec.)	XBee	XBee Pro
전압(VDC)	2.8 ~ 3.4	2.8 ~ 3.4
RF 전력	0dBm, 1mw	18dBm, 63mw
외부 통신거리	90 m	1.6 km
실내 통신거리	30 m	90 m
수신 전류	45 mA	50 mA
송신 전류	50 mA	215 mA
휴면 모드 전류	< 10 µA	< 10 µA
RF 데이터 전송률	250 kbps	250 kbps
동작 주파수/채널	2.4GHz,16CH	2.4GHz,12CH
수신 감도	-92 dBm	-100 dBm

엑스비와 엑스비 프로의 차이는 기하학적 크기와 RF 전력에 있고, 동작방법과 기능은 거의 차이 없이 동일하다. 두 엑스비의 차이점들은 표 1-2의 내용과 같다.

(2) 엑스비 시리즈2(XBee Series2 또는 S2) 또는 지그비

시리즈2는 지그비(ZigBee) 메쉬(mesh) 네트워킹을 표준으로 사용하는 안테나이며, 엠버 네트웍스(Ember Networks)사의 반도체 칩을 사용한다. 메쉬 네트워킹은 매우 창의적이고 다양한 형태의 네트워크를 구성할 수 있지만, 초보자가 시작하기에는 극복해야 할 기술적 과제가 많은 편이다. 따라서 이 책에서는 구체적으로 다루지 않는다. 시리즈1의 사용법을 이해한 분들은 시리즈2에도 관심을 가졌으면 한다. 시리즈2 안테나의 경우 S2라는 표기를 사용한다.

그림 1-2 엑스비 시리즈2(S2)

표 1-3 　시리즈1과 시리즈2 비교

	Series1	Series2
보통 통신거리(실내/도심)	30 미터	40 미터
최대 통신거리	100 미터	120 미터
통신규격	802.15.4 표준	ZigBee 2007
Digital Input/Output pins	8(plus 1 input)	11
Analog input pins	7	4
Analog(PWM) output pins	2	none
mesh, adhoc, self-healing networks	아니오	예
point to point, star topologies	예	예
mesh, cluster tree topologies	아니오	예
single firmware for all modes	예	아니오
requires coordinator node	아니오	예
point to point configuration	쉽다	복잡하다
안테나 칩 제조회사	freescale	ember

　지그비는 802.15.4 통신 프로토콜에 네트워크 계층과 응용계층을 더 추가하여 새로운 센서 네트워크를 구축할 수 있는 통신 프로토콜을 말한다. 그래서 802.15.4 통신 프로토콜 규격만을 준수하는 엑스비 통신으로는 구성할 수 없는 메쉬(Mesh) 네트워크를 구성할 수 있도록 지원한다.

안테나 소모전력이 다른 경우!

엑스비 S1의 경우 1mW, 1.25mW, 2mW 등으로 다양한 통신 전력을 사용할 수 있는 엑스비를 선택할 수 있다. 통신 전력이 증가할수록 통신거리가 증가하는 점 이외에는 모든 사용법이 동일하다. 동시에 소모 전력이 증가할수록 부품의 구입가격도 증가하고, 동일한 배터리 전원을 사용하더라도 사용기간이 줄어들 수 있다.

　엑스비 신호 강도는 전파거리의 제곱에 반비례한다는 점을 상기하자. 출력이 증가할수록 신호가 도달하는 통신거리는 증가하지만, 동시에 에너지 소모량도 증가된다. 거리의 제곱에 반비례하므로 가장 작은 에너지 효율로 통신 데이터를 전송할 수 있는 네트워크를 구상할 필요가 있다.

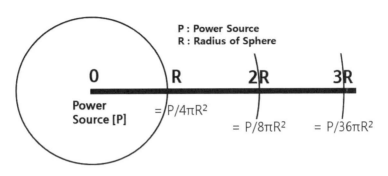

그림 1-3 안테나 전파의 세기는 거리의 제곱에 반비례

안테나 형태가 다른 경우!

엑스비 안테나는 데이터 신호를 송수신하는 데 필요하다. 최소한 한 가지 방법을 사용해야 하는데 그 종류들을 살펴보면, 와이어안테나, 칩안테나, PCB안테나, U.FL커넥터 그리고 RPSMA커넥터로 분류할 수 있다.

(1) 와이어안테나(wire antenna)
안테나의 형태가 가장 단순하고, 모든 방향으로 통신하는 데 편리한 형태이다. 가장 먼 거리를 통신할 수 있는 방식이고, 와이어가 수직 방향이거나 옆으로 눕혀져 있어도 모든 방향으로 동일한 통신 효과를 나타낼 수 있는 안테나 형태이다.

(2) 칩안테나(chip antenna)
칩안테나는 평평한 세라믹 칩 형태로 만들어져 있으며, 안테나가 작고 견고한 점이 특징이다. 칩안테나는 인간의 심장 모양으로 제작되어 있어서, 많은 방향에서 신호가 약해질 수 있다. 만약 안테나에 기계적인 스트레스가 가해져서 와이어안테나가 부러질 염려가 있거나, 비교적 짧은 거리에서 사용하는 경우라면 칩안테나가 좋은 선택일 수 있다. 또한 입는 컴퓨터에 응용하는 경우라면 좋은 선택일 수 있다.

(3) PCB안테나(PCB antenna)

PCB안테나는 PCB기판 위에 직접 안테나를 그려 넣은 형태이다. 프렉탈 패턴으로 표현
되어 있으며, PCB기판에 안테나가 붙어 있기 때문에 칩안테나와 동일한 장점이 있다. 그
리고 제조사의 관점에서 가격이 저렴한 점도 있다.

(4) U.FL커넥터(U.FL connector)

외부에 별도의 무선통신용 안테나를 사용하는 경우 선택하는 커넥터 종류 중 하나이다.
대부분의 경우 외부에 추가 안테나를 사용하지 않지만, 사용하는 경우 가격상승을 고려
해야 한다. 추가 안테나에 대한 설명은 이 책의 범위를 벗어나므로 생략한다.

(5) RPSMA커넥터(RPSMA connector)

이 커넥터는 위의 U.FL커넥터와는 또 다른 형태의 커넥터이다. 부피가 더 크지만, 종종
외부안테나를 직접 연결할 때 사용한다.

(a) 와이어   (b) 칩   (c) PCB

(d) U.FL   (e) RPSMA

그림 1-4 다양한 엑스비 종류들

엑스비 이외에 더 구매할 부품은 무엇이 있을까? 엑스비 통신을 시작하려면 엑스비 이외에도 다양한 부품들이 필요할 수 있다. 그중에서 가장 대표적인 부품이 아마도 소형컴퓨터일 것이다. 그런 측면에서 엑스비 통신을 위한 컴퓨터 조합으로 아두이노는 최상이라 생각된다. 이제 마이크로컴퓨터를 중심으로 나머지 부품들을 선택하여 보자.

(1) 통신을 위한 소형 컴퓨터의 선택

아두이노(Arduino)를 어느 정도 접해본 독자라면 아두이노의 종류가 매우 많다는 사실에 동의할 것이다. 아두이노가 많이 소개되고, 처음 시작하는 경우 가장 대표적인 모델로서 아두이노 우노 R3(Arduino UNO R3)가 선택된다는 사실에도 동의할 것이다. 여러분이 아두이노 우노 버전을 잘 다룰 수 있다면 또 다른 아두이노 모델들을 다루는 것은 그리 큰 문제가 아닐 수 있다.

　엑스비 통신을 위한 또 다른 아두이노 호환 제품으로 프라이비 화이트(FRIBEE white)를 사용할 수 있다(http://www.fribot.com). 이 책의 모든 실습들은 FRIBEE white를 사용하며, FRIBEE white 만의 편리한 사용법에 대해서도 소개한다. 물론 아두이노 우노를 사용하여 실습하여도 전혀 부족하거나 어려움 없이 거의 모든 실습들을 따라할 수 있다. 지금부터는 "프라이비 화이트"를 편의상 "프라이비"라고 부른다.

그림 1-5　아두이노 우노 R3와 프라이비 화이트(FRIBEE white)

아두이노는 오픈 소스 하드웨어 제품으로 모든 하드웨어 설계 정보들을 함께 공유하는 제품이다. 익히 알려진 아두이노 우노 R3에 엑스비 통신을 위한 안테나를 추가로 연결하려면, 별도의 엑스비 쉴드(Shield) 부품이 더 필요하다.

반면에 프라이비(FRIBEE white)는 아두이노 우노 R3에 엑스비 쉴드가 내장되어 별도의 쉴드 부품이 필요하지 않다. 따라서 프라이비는 아두이노와 호환되고 동시에 엑스비를 쉽게 장착할 수 있어서, 전체 부피가 줄어들고, 가격이 절감되며, 응용이 편리한 장점들을 누릴 수 있다. 이 책은 여러분들이 더 쉽고 편리하게 마이컴과 엑스비통신 수단을 연결하는 경험을 갖게 하기 위해 프라이비로 실습을 진행한다.

엑스비 쉴드(Xbee Shield)는 아두이노 우노 R3와 엑스비를 직접 연결하는 용도의 부품이다. 아두이노 우노 R3의 핀 간격은 2.54mm이지만, 엑스비의 핀 간격은 2mm로 서로 다르다. 핀 간격과 핀 숫자 그리고 핀의 위치들이 서로 다르기 때문에, 두 개 부품을 직접 연결할 수 없다. 따라서 엑스비 쉴드는 엑스비 통신에 필요한 연결 핀들 사이를 서로 전기적으로 연결하기 위하여 사용하는 부품이다.

그림 1-6 **엑스비 쉴드v2.0**

실제 시중에 판매되는 엑스비 쉴드는 제조사마다 모양이 달라서 종류가 매우 많지만 기능은 동일하거나 유사하다고 할 수 있다.

(2) 엑스비 어댑터(adapter) / 동글(dongle)

어댑터, 동글 또는 쉴드라는 용어로 표현되는 부품들은 용도가 거의 비슷하다. 다양한 용도들을 구분해 보면 다음 3가지 정도로 구분할 수 있다.

- 엑스비 익스플로러 동글 (Xbee Explorer Dongle) 및 어댑터(Adapter)

엑스비와 컴퓨터(PC)를 연결하는 경우에 사용하는 부품으로, 컴퓨터의 USB 통신포트를 사용한다. USB 통신포트에 엑스비를 직접 연결하는 부품이다. 또한, USB케이블을 이용하여 마이크로 USB 등 다양한 형태로 모양을 바꿔 사용하기도 하지만, 연결 목적과 효과는 거의 동일하다.

엑스비만 별도로 사용하는 경우에 엑스비에 별도 전원을 공급하고 안테나에 입출력 신호를 연결해야 할 수 있다. 이를 위하여 엑스비를 브레드보드에 꽂거나, 또는 외부 연결 핀 포트를 제공하는 용도로 구현된 부품이다. 이외에도 다양한 형태의 엑스비 보조 부품들이 존재하지만 추가 설명은 생략한다.

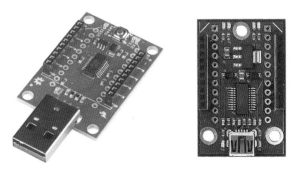

그림 1-7 **XBee Explorer Dongle과 XBee USB Adapter**

PC에 엑스비를 연결하기 위한 동글 또는 어댑터 이외에 엑스비만 별도로 사용하기 위한 어댑터 종류도 다양하게 존재한다. 몇 가지 종류의 부품들을 소개한다. 엑스비의 핀 간격이 브레드보드 핀 간격과 달라서 직접 브레드보드에 연결할 수 없다. 다음 부품들을 참고하기 바란다.

그림 1-8 여러 가지 엑스비 어댑터 종류

통신을 위한 X-CTU 소프트웨어

X-CTU 소프트웨어는 Digi 사(www.digi.com)에서 배포하는 무료 소프트웨어이고, 엑스비 통신을 위해 사용할 수 있다. 이 프로그램은 엑스비의 세부 설정들을 변경하거나, 엑스비 무선 시리얼 통신을 할 수 있는 터미널 환경을 제공하는 등의 다양한 기능들을 포함하고 있다. 상세한 사용법들은 이 책에서 소개하는 실습예제들과 함께 설명한다.

특히, X-CTU는 엑스비 내부의 세부적인 설정들을 변경하여 다시 기록하려고 할 때 반드시 필요한 도구이기 때문에 엑스비 통신을 잘 활용하기 위해서는 반드시 사용법을 익혀야 한다. 다양한 경우의 X-CTU 사용법들은 이후의 실습환경에 맞춰 상세히 설명한다.

X-CTU 프로그램은 windows O/S 2000/XP/2007/vista/7/8에서 잘 동작하지만, 최근에는 MacOS X를 위한 것도 제공된다. 먼저 아래 방법으로 소프트웨어를 다운로드 받아 설치하여 보자.

1. Digi 사의 홈페이지(www.digi.com) 검색창에서 "X-CTU"라고 입력하고, 검색 결과에서 X-CTU software를 찾아서 클릭한다.

2. X-CTU software 화면에서, "Diagnostics, Utilities and MIBs" 링크를 찾아서 클릭하면 여러 버전의 소프트웨어 설치를 위한 링크들이 나타난다. 이 책에서는 지금까지 많이 알려진 올드 버전의 'XCTU ver. 5.2.8.6 installer'를 다운받아 설치한다. 물론, 최신 'XCTU NEXT Gen Installer' 버전을 사용해도 실습이 가능하다.

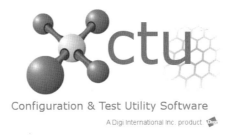

Configuration & Test Utility Software

A Digi International Inc. product

3. 다운로드 받은 소프트웨어를 설치한다.

1.4   통신을 위한 프로세싱 활용하기

아두이노를 한 번 이상 사용해본 독자라면 아두이노에 스케치를 업로드할 수 있는 아두이노 IDE 프로그램을 잘 알 것이다. 그리고 이 책에서 다루고 있는 엑스비 통신을 위해서 X-CTU 프로그램을 별도로 사용한다. 그렇지만, X-CTU 터미널만으로는 시리얼 통신 데이터를 PC에서 표시하는 데 있어서 그래픽 사용자환경을 만들 수 없는 문제점이 있다.

이러한 문제점을 해결하기 위하여 이 책에서는 프로세싱 프로그램을 소개하고, 간단히 그래픽 사용자 환경을 이용하는 예제들을 다룬다. 프로세싱은 MIT 대학교의 미디어랩에서 만들어 무료로 배포하는 공개 프로그램이며, 엑스비 통신으로 수신되는 무선 시리얼 데이터를 더 다양한 그래픽유저인터페이스(GUI: graphic user interface) 화면으로 바꿔 표현하거나, 추가적인 C언어 프로그래밍 신호처리를 수행하고자 하는 독자에게 매우 유용한 도구가 될 것이다. 그리고 아두이노와 쉽게 연결하여 시리얼통신을 할 수 있다는 특징이 있다.

이 프로그램은 컴퓨터 언어 비전공자에게도 비교적 쉬운 언어로 만들어져 학생, 디자이너 또는 예술가들에게도 유용하리라고 생각한다.

(1) 프로세싱의 특징

• OpenGL OpenCV를 지원한다. SVG PDF 파일을 지원한다. 안드로이드 스마트폰 프로그래밍을 지원한다. 웹 애플릿으로 저장할 수 있다. 2D 3D pdf 출력을 지원한다. Image video audio 처리가 간단하다.

(2) 프로세싱 다운로드 및 설치

• www.processing.org 사이트에 접속하여 다운로드 받고 설치한다.

2

엑스비 통신 시작하기

이 장은 무선통신을 시작하기 전에 꼭 생각해 볼 내용들을 다룬다. 엑스비 통신이란 무엇인가? 또는 통신 네트워크 구성은 어떤 형태를 선택할 것인가? 엑스비 통신을 시작하기 전에 먼저 살펴봐야 할 기본적인 통신 설정방법에는 어떤 것이 있는지를 살펴보게 될 것이다.

엑스비 통신 기술은 마이컴의 활용가치를 더 크게 넓혀준다. 이제 아두이노 또는 프라이비에 엑스비 통신을 연결하는 방법을 살펴보자!

이 장은 엑스비 통신을 시작하기 이전에 어떤 예비지식이 필요한지를 간단히 설명한다. 먼저 무선통신에는 어떤 통신 규격들이 있는지 살펴보고, 장단점을 간단히 비교한다. 엑스비 통신망 구성에는 어떤 종류가 있는지, 그리고 초보자가 엑스비 통신을 접근하기 위하여 어떤 단계로 배울 것인지를 설명한다.

2.1 무선통신 종류

다양한 무선통신 방식들에는 와이파이(WiFi) 통신, 블루투스(Bluetooth) 통신 그리고 엑스비 기반의 지그비(ZigBee) 통신 등으로 나누어 살펴볼 수 있다. 이 책에서 다루는 엑스비 통신은 IEEE 802.15.4 통신규격만을 준수하는 프로토콜이지만, 지그비 통신은 802.15.4 통신규격을 사용하면서 네트워크 계층과 응용계층을 더 추가한 프로토콜을 말한다. 엑스비 통신은 시리즈1(series1 또는 S1)이라 부르고, 지그비 통신은 시리즈2(series2 또는 S2)라고 부르기도 한다.

그림 2-1 **통신거리 및 통신효율에 대한 비교**

그림 2-1에서 살펴보면 IEEE 802.11 규격을 채택한 와이파이 통신은 오디오와 비디

오를 송수신할 수 있어서 데이터 전송량이 3가지 종류 중에서 가장 크고, 통신 거리도 가장 길다. 동시에 와이파이 통신을 채택하면 비용도 가장 많이 소요되고, 통신에 사용되는 전력 소모량도 가장 크다. 블루투스 통신은 오디오 데이터를 송수신하는 정도의 데이터 처리에 적합한 규격이다. 통신 거리는 상대적으로 가장 낮다고 할 수 있으며, 통신 방식에 사용되는 비용은 와이파이보다는 작지만 지그비/엑스비 통신 방법보다는 더 소요될 수 있다.

지그비/엑스비 통신방식은 가장 저렴한 비용으로 가장 다양한 네트워크 통신을 구현할 수 있으며, 수많은 데이터 노드를 구성하는 경우에도 비용은 최소화하고 소비전력도 가장 작은 네트워크를 구성할 수 있는 장점이 있다. 엑스비/지그비 통신 노드 사이의 통신거리는 짧게는 100m 수준에서 길게는 1마일(1.6Km) 정도까지 범위를 선택할 수 있다. 데이터 송수신 속도는 와이파이 방식과 블루투스 통신 방식에 비하여 가장 낮은 수준으로 센서 데이터를 송수신하는 데 적합하다. 따라서 지그비/엑스비 통신은 사람과의 통신보다는 사물과의 통신에 적합하다.

표 2-1 엑스비(XBee)와 지그비(ZigBee) 비교

	엑스비 통신	지그비 통신
	시리즈 1 (S1) 통신	시리즈 2 (S2) 통신
상품 이미지		
외형 규격	20핀 규격으로 동일	
기술 규격	표 1-3 참조	
안테나 설정법	간단	비교적 복잡
구성 가능한 네트워크	1:1 peer to peer 1:N star network	1:1 peer to peer 1:N star network mesh network

엑스비 통신 네트워크는 스타(star) 네트워크, 1:1(peer to peer) 네트워크, 크러스터 트리 (cluster tree) 네트워크를 구성할 수 있고, 지그비 통신 네트워크는 메쉬(mesh) 네트워크 를 추가로 더 구성할 수 있다.

네트워크 통신 노드의 개수는 최대 65,536 노드까지 확장할 수 있다. 그리고 일반적 인 네트워크 연결 시간은 30ms 정도 걸린다.

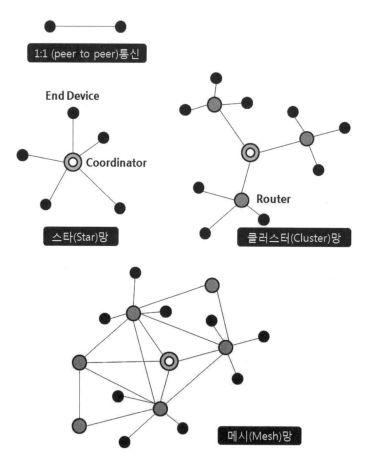

그림 2-2 엑스비 통신 네트워크 종류

1:1 통신(pair 또는 peer to peer)은 가장 간단한 통신 형태이다. 두 개의 장치만으로 또는 두 개의 노드로 구성되는 네트워크이다. 하나의 노드는 코디네이터이고 다른 하나

의 노드는 라우터이거나 단말장치일 수 있다.

스타(star) 네트워크는 코디네이터로 부르는 중심 노드에서 여러 개의 센서 노드, 즉 단말장치들이 방사선 형태로 연결되는 방법이다. 엑스비 통신의 최대 통신거리가 1.6Km 내외인 것을 감안하면 전체 센서 노드의 위치가 코디네이터로부터 1.6km 이내에 존재하는 경우 선택할 수 있다.

모든 데이터는 코디네이터를 통하여 외부 시스템으로 전달될 수 있다. 또한 단말장치들 사이에서는 어떤 통신 데이터 교환도 이루어지지 않는다.

클러스터 트리(cluster tree) 네트워크는 스타 네크워크의 통신거리 한계를 극복할 수 있는 방식으로써, 여러 개의 스타 네트워크를 서로 연결하여 구성하는 방법이라고 할 수 있다. 따라서 보다 넓은 지역에서 스타 네트워크 형태로 센서 네트워크를 구성할 수 있는 특징이 있다.

클러스터 트리 네트워크는 하나의 코디네이터 그리고 코디네이터와 연결된 하나의 라우터를 중심으로 구성되는 서브 트리를 여러 개 구성하는 형태가 될 수 있다.

메쉬(mesh) 네트워크는 스타 네트워크 또는 클러스터 트리 네트워크와는 다르게 최종 센서 노드 사이에서도 서로 통신을 할 수 있어서 마치 거미줄과 같은 통신 네트워크를 구축할 수 있다. 스타 네트워크와 클러스터 트리 네트워크는 폐회로를 형성하지 않지만, 메쉬 네트워크는 폐회로를 구성할 수 있어서, 중간에 하나 이상의 노드가 동작 이상을 보여도 전체 네트워크의 통신은 가능한 장점이 있다. 그리고 통신 네트워크를 구성하는 방식에 따라서 매우 다양한 목적의 센서 네트워크를 구현할 수 있다. 이러한 장점이 있음에도 불구하고 초보자가 처음 시도하기에는 기술적 요구사항들을 모두 충족시키는 것이 간단하지 않아서 통신을 처음 배우려고 하는 경우 추천하지 않는다. 그래서 이 책에서는 지그비 통신 또는 시리즈2 안테나로 구성할 수 있는 메쉬 네트워크는 설명하지 않는다.

엑스비/지그비 통신 네트워크에서 사용하는 용어들

(1) 코디네이터(Coordinator)

엑스비/지그비 네트워크에서는 항상 하나의 코디네이터 장치를 갖는다. 코디네이터는 네트워크를 책임지고 있는 노드이며, 노드 주소들을 관리하고, 네트워크를 규정하고 보호하고 건강하게 유지하는 기능들을 관리할 수 있다. 모든 네트워크는 코디네이터에 의해 구성되어야 하고 둘 이상의 코디네이터를 구성하지 않아야 한다.

(2) 라우터(Router)

라우터는 지그비 노드에 가장 적합한 노드 표현이다. 그렇지만 엑스비 노드에서도 사용될 수 있는 표현이다. 라우터는 데이터를 송신하거나 수신하거나 예정된 경로로 중계할 수 있다. 라우팅이란 어떤 노드의 장치가 가진 데이터를 또 다른 노드의 장치로 직접 전송하기에는 너무 멀리 떨어져 있는 경우에 중간에서 그 데이터를 중계 역할하는 것을 말한다. 네트워크 전체로 보면 여러 개의 라우터를 구성할 수 있다.

(3) 단말장치(End device)

단말장치에는 다양한 종류들이 존재할 수 있다. 당연히 네트워크에 소속된 노드로서 동작하고, 데이터를 송신하고 수신할 수 있다. 그렇지만 다른 노드의 데이터를 중계하지는 않기 때문에 라우터보다는 장치가 간단하다. 마치 기본적인 기능만을 가진 라우터라고 할 수 있다. 그래서 종종 데이터를 송수신하지 않는 시간 동안 슬립(sleep)모드 상태로 에너지를 절약하기도 한다. 엑스비/지그비 네트워크는 종종 라우터를 사용하지 않고 하나의 코디네이터와 여러 개의 단말장치로 구성한다.

또한, 라우터와 단말장치 노드에 외부 환경데이터를 수집할 수 있는 센서를 부착한 형태를 센서 노드라고 부를 수 있다. 따라서 이 책에서 종종 소개되는 센서 노드의 의미는 엑스비 네트워크에서 라우터이거나 단말장치로 만들어진 노드를 의미한다.

2.3 통신을 위한 노드 지정

엑스비 네트워크는 수많은 연결을 갖는 사물들 간의 통신에 적합하다. 그러면 노드들 중에서 특정 노드를 어떻게 찾아갈까? 각 노드에 주소를 지정하는 방법을 사용한다.

모든 엑스비는 각각 서로 다른 고유한 64비트 시리얼번호를 할당받고 공장에서 출고된다. 만약 엑스비의 고유한 시리얼번호를 알고 있고 통신 네트워크 범위 이내의 조건을 만족한다면 해당되는 안테나 주소를 찾아서 통신할 수 있다. 지구상의 어떤 엑스비/지그비 안테나도 동일한 시리얼 번호를 갖지 않는다.

다음에 네트워크를 구성할 때 코디네이터가 각각의 노드에 동적으로 부여하는 16비트 주소가 있다(참고: $2^{16} = 65,536$). 이 주소는 주어진 네트워크 내에서만 유일한 주소 체계를 유지한다.

마지막으로 각각의 엑스비에 노드 인식자(node identifier)라고 불리는 짧은 문자명으로 주소를 부여할 수 있고, 사람에게 친숙한 형태의 이름 주소를 사용하지만 유일성을 유지하기 어려운 점도 있다.

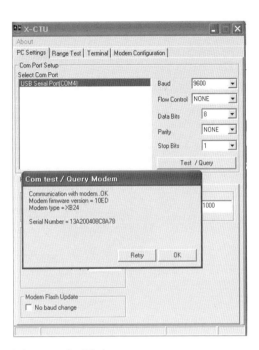

그림 2-3 엑스비와 X-CTU 초기화면

(1) PAN(Personal Area Network) ID 주소

PAN ID 네트워크 주소는 코디네이터가 동적으로 부여하는 주소와는 또 다른 16비트 주소체계이다. 16비트 주소체계에서 배정할 수 있는 전체 주소 경우의 수는 2^{16}인 65,536 가지에 해당한다. PAN ID 네트워크 주소는 코디네이터가 할당하는 주소와는 별도로 사용할 수 있어서, 이론적으로 65,536 × 65,536가지인 40억 노드에 서로 다른 주소를 지정할 수 있다.

엑스비 시리즈1 안테나의 공장 출시 모드 PAN ID 값은 3332이다. 이 값을 다르게 변경하면 또 다른 PAN ID 환경을 구성할 수 있다. 동일한 PAN ID 망 환경에서 코디네이터가 동적으로 부여하는 주소인 MY로 표시되는 16비트 주소 값을 변경하면 각각 다른 노드의 주소를 지정할 수 있다. 여기서 서로 다른 PAN ID로 설정된 노드들과는 서로 통신할 수 없다는 점을 주의하자.

(2) 채널(channels)

위에서 살펴본 PAN ID 주소 지정 방식은 완전한 기술형태이지만, 동일한 주파수 대역에서 사용해야만 한다. 만약 두 개의 서로 다른 엑스비가 미세하게 서로 다른 주파수(또는 채널)를 사용한다면 데이터 송수신에 실패할 수 있다. 하나의 네트워크에서 모든 노드들이 데이터를 성공적으로 송수신하려면 반드시 동일한 채널을 사용해야 한다.

선택할 수 있는 채널의 수는 16개이며, 공장 출하 시 설정된 채널과는 다른 채널로 변경하여 엑스비 통신을 성공할 수도 있다.

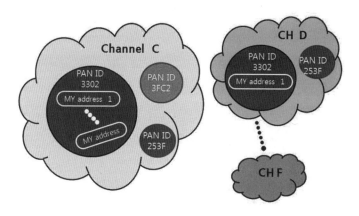

그림 2-4　엑스비 네트워크에서 채널, PAN ID 그리고 MY 주소와의 관계

위 그림에서 표시한 것처럼 동일한 공간 내에 서로 간섭하지 않는 엑스비 통신망을 구성할 수 있다. 채널이나, PAN ID가 다르면 비록 동일한 공간에 엑스비가 위치하더라도 서로 통신할 수 없다. PAN ID가 동일한 경우에도 채널이 다르면 역시 서로 통신이 되지 않는다. 임의로 선택된 채널과 PAN ID 주소 조건이 동일한 경우에만 서로 통신할 수 있는 엑스비 통신망을 구성할 수 있다.

따라서 동일한 공간 내에서 서로 간섭하지 않고 독립적으로 동작하는 복수의 엑스비/지그비 네트워크를 만들어서 사용할 수 있다.

(3) MY 주소와 DL 주소

엑스비/지그비 통신망에서 어떤 지정된 노드와 1:1로 통신하기 위해서는 송수신 노드의 약속이 필요하다. 이런 통신 약속을 위하여, 데이터를 송신하는 노드 안테나 자신의 주소를 MY 주소로 지정하고, 송신된 데이터가 수신되는 상대방 노드의 주소를 DL 주소로 지정하면 된다. 동시에 상대방 노드의 안테나 설정은 반대로 MY 주소를 DL 주소로, DL 주소를 MY 주소로 설정하면 된다.

물론 설정 값의 선택 범위는 0~FFFF 사이 값이지만, 0은 기본적으로 모든 노드에 통신 가능한 이유로 그리고 FFFF 주소는 브로드캐스팅 주소로 사용되기 때문에 나머지 값들을 선택하면 된다.

2.4 통신모드 선택

엑스비 통신은 AT 모드와 API 모드로 나누어 지원한다. AT 모드는 투명 모드(transparent mode)라고 불리어지며, 통신을 위한 응용 프로그래밍을 추가하지 않은 기본적인 통신 상태를 말한다. API 모드는 응용 프로그래밍 상호 접속을 할 수 있으며, 프로그래머가 도착주소 패킷의 형태 및 체크섬과 데이터를 패키지화하여 송신하고, 수신노드에서 패키지화된 데이터를 수신한다.

이 책은 쉽게 통신환경을 구축할 수 있는 AT 모드에 대해서만 설명하고 관련 예제들을 다룰 것이다. 만약 API 통신에 관심이 있는 독자라면 더 깊이 있는 내용을 다루는 책을 선택할 필요가 있다.

AT 모드는 투명 모드와 명령 모드로 나누어 설명할 수 있는데, 먼저 투명 모드 (Transparent mode)는 수신된 메시지 데이터를 정확하고 동일하게 다시 송신하고, 반대 방향으로도 동일한 역할을 수행한다는 의미이며, 공장에서 출하된 디폴트(default) 상태라고 할 수 있다. 통신노드 사이의 프로토콜 링크는 최종 사용자에게 전달하고, 두 노드 사이의 직접 연결과 같이 동작한다. 모든 데이터는 직렬 (serial) 데이터의 송수신이 가능하며, 주소가 5인 노드로 데이터를 보내려면 ATDL 5 명령으로 DL 주소를 5로 설정하면 된다.

명령 모드(Command mode)는 투명 모드와 달리 데이터를 외부로 송신하지 않고 안테나 자체와 대화하려 할 때 사용한다. 주로 안테나의 설정과 관련된 데이터이거나, 안테나의 동작을 선택하려 할 때 사용한다. 이런 이유로 명령 모드에서는 데이터가 안테나를 통과하기보다 안테나 자체와 대화하는 상태가 된다.

명령 모드로 들어가기 위해서는 터미널 창에서 +++ 신호를 사용하며, 입력신호가 10

초 이상 유지되지 않으면 명령 모드를 종료하고, 투명 모드로 전환된다. 더 많은 명령 모드 신호는 이 책 부록을 참고하기 바란다.

API 모드는 패키지화된 엑스비 데이터 송수신 모드라고 할 수 있으며, 장점으로 사용자가 목적지 주소와 같은 중요 데이터를 포함하는 패킷을 구성할 수 있고 수신노드가 패킷 정보로부터 중요 데이터를 수신할 수 있다. 패킷정보란 공개된 무선 통신망에서 최소한의 데이터 보호막이라고 생각할 수 있다. 그리고 패킷 통신 방식으로 네트워크 구성 유연성이 크고 통신 데이터의 신뢰성이 높은 장점이 있는 반면, 프로그래밍 강도가 높은 단점이 있다.

데이터를 송수신하는 통신 상태에서, 송신과 수신의 통신 모드가 동일하지 않아도 좋다. 말하자면 송신은 API 모드로, 수신은 AT 모드로 설정할 수 있고 그 반대 구성일 수도 있다.

2.5 엑스비 설정 변경

엑스비를 사용하여 통신을 시작할 때, 혼자 또는 소규모 인원이 실습을 시작하는 경우 별도의 안테나 내부 설정 변경 없이 공장 모드 상태로 대부분의 엑스비 통신을 따라할 수 있다. 그렇지만, 동일한 장소 내에 많은 실습자들이 팀을 구성하여 엑스비 통신을 따라하는 경우이거나, 안테나의 내부 설정 변경이 필요한 경우 별도의 실습과정을 통하여 안테나 내부의 설정 값들을 변경하고 저장할 수 있다.

안테나의 내부 설정을 변경하는 방법은 X-CTU 터미널을 사용하는 방법과 AT 명령어를 사용하는 방법으로 나누어 설명할 수 있으며, AT 명령 방법은 PC에서 직접 다루는 방법과 아두이노와 같은 스케치 코드로 다루는 방법이 있다.

엑스비에는 비휘발성 기억장치가 내장되어 있어서, 공장 출시 모드의 엑스비 조건에서 사용자가 원하는 또 다른 안테나 조건으로 변경하여 기억시킬 수 있다. 특별히 변경 저장한 세부 설정 변경 값들은 외부 전원이 차단된 이후 또는 다시 전원을 공급한 경우에도 변경된 조건으로 동작한다.

그래서 종종 변경된 안테나 설정 값을 살펴보지 않으면 이전에는 잘 동작하던 안테나가 갑자기 잘 동작하지 않는 것처럼 보일 수도 있다. 만약 그렇다면 공장 초기화 모드로 변경하는 방법을 따라하기 바란다.

참고 엑스비의 설정을 변경하여 실습에 사용하는 경우 실습이 끝나면 공장 모드로 설정을 되돌려 놓는 것이 좋다. 만약 이전까지 잘 동작하던 엑스비가 갑자기 통신이 잘 되지 않는다면 안테나 내부의 설정상태를 X-CTU 화면에서 읽고(Read) 확인해보자.

(1) X-CTU 프로그램으로 안테나 설정 변경

예를 들어 안테나의 내부 설정 값 중에서 PAN ID 또는 채널(CH) 값을 변경하려면 다음과 같은 방법을 사용할 수 있다. 물론 MY, DL 등과 같은 다른 세부 설정 값들도 동일한 방법으로 변경될 수 있다.

PAN ID 변경 또는 채널 변경

현재의 엑스비 설정상태를 확인하려면 모뎀 설정(modem configuration) 탭에서 Read 버튼을 누르면 된다. 그리고 엑스비 세부 설정 값을 변경하려면, 채널 또는 PAN ID 값을 마우스로 클릭하면 새로운 값을 입력할 수 있는 창이 생성된다. 설정 가능 범위의 값들로 세부 설정 값을 입력한 다음 Write 버튼을 누르면 변경된 값들이 안테나에 저장된다(참고로 안테나 설정과 관련하여 Read 버튼이나 Write 버튼을 사용할 때 Always Update Firmware 체크박스를 체크한 후 Read Write 버튼을 사용하자).

이렇게 변경된 세부 설정 값들은 엑스비 전원을 제거한 후 다시 연결해도 변경된 상태로 적용된다. 엑스비 네트워크에서 둘 이상의 노드에 서로 다른 노드를 설정하기 위해 My address 값을 설정하는 것도 동일하게 Write 버튼을 사용하여 기록하면 된다.

PAN ID 변경 또는 My 주소, DL 주소 값을 변경하기 위하여 입력할 값은 16진수 표시법으로 0000~FFFF 사이의 값을 임의로 선택하여 사용하면 된다.

그리고 S1 안테나 채널 값을 변경하려는 경우 16진수 값으로 0B~1A 사이의 값을 사용하여 입력하면 된다.

(0B, 0C, 0D, 0E, 0F, 10, 11, 12, 13, 14, 15, 16, 17, 18, 19, 1A)

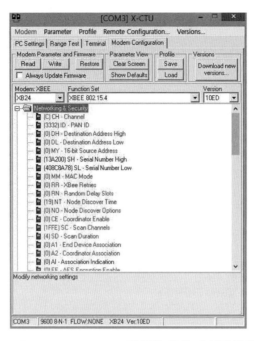

그림 2-5 **X-CTU PAN ID 및 통신 채널(CH) 설정 화면**

(2) AT 명령으로 안테나 설정 변경

X-CTU modem configuration 탭에서 안테나 설정 값들을 변경하는 것 이외에 터미널 모드에서 AT 명령으로 변경하는 방법에 대하여 살펴보자. PC에 연결된 엑스비 설정 값을 변경하는 방법과 PC가 아닌 별도의 소형컴퓨터에 연결된 엑스비 설정 값을 변경하는 방법을 차례로 설명한다.

● X-CTU 프로그램에서 AT 명령하기

PC에 연결된 엑스비에 AT 명령을 전달하기 위하여 X-CTU의 터미널 탭 화면을 사용할 수 있다. 터미널 탭을 눌러 터미널 화면에서 파란색으로 표시된 값들을 다음 그림과 같이 입력하면 된다. 아래 예제 화면은 임의로 설정된 것이므로 세부적인 AT 명령은 여러분의 취향에 맞게 수정하면 된다.

지금부터 AT 명령을 사용하는 데 필요한 몇 가지 사항들을 설명한다. 안테나 동작이 데이터 모드에서 명령 모드(command mode)로 전환하려면 가장 먼저 "+++"를 입력해야 한다. 이때 주의할 점은 엔터를 절대로 치지 않아야 명령 모드로 들어갈 수 있다. 1~2

초 시간이 흐르면 빨간색으로 OK라는 표시가 나타난다.

이제 안테나가 명령 모드로 진입한 것이다. 지금부터의 모든 AT 명령어들은 각자의 취향에 맞게 수정할 수 있으며, 각각의 AT 명령을 입력한 후 반드시 엔터를 사용해야만 한다. 다만, 엑스비를 한 번만 사용하지 않고 여러 번 설정을 변경하는 경우 초기화시키는 명령 "ATRE" <엔터>를 잘 활용하면 작업의 혼선을 최소화할 수 있고, 작업의 마지막에는 "ATWR" <엔터>를 사용하여 설정 값들을 저장하고 데이터 모드로 다시 전환하기 위해 "ATCN" <엔터> 명령을 사용할 수 있다. 아래 그림은 채널과 PAN ID 값 MY 주소와 DL 주소를 각각 변경 설정한 예이다.

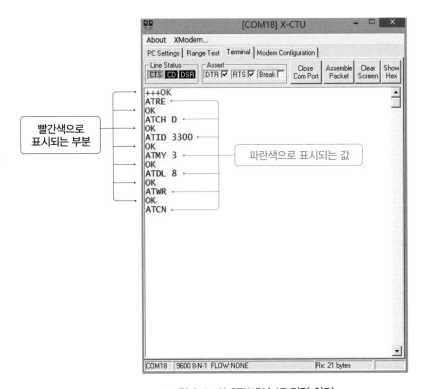

그림 2-6　X-CTU에서 AT 명령 화면

● 마이컴 스케치에서 AT 명령하기

프라이비와 같은 마이컴에서 AT 명령을 사용하는 방법도 동일하게 진행된다. PC의 터미널화면에서 AT명령 다음에 직접 엔터(enter) 키를 누르는 작업은 스케치 코드에서 \r을 덧붙여 사용하면 된다(참고: carriage return \r).

그림 2-7 엑스비가 연결된 FRIBEE white

아두이노에 엑스비 쉴드와 함께 엑스비를 연결하거나, 프라이비에 직접 엑스비를 연결한 다음 스케치 코드로 안테나 설정들을 변경하여 사용할 수도 있다. 아래 예제 스케치 코드처럼 setup()에 AT 명령어들을 포함시켜서 한 번만 동작하도록 사용하거나, loop()함수에 포함시켜서 다양한 조건들로 설정 값들을 변경할 수도 있다.

```
void setup() {
  Serial.begin(9600);
  Serial.print("+++");
  delay(3000);
  Serial.print("ATRE \r");
  delay(50);
  Serial.print("ATCH D \r");
  delay(50);
  Serial.print("ATID 3300 \r");
  delay(50);
  Serial.print("ATMY 3 \r");
  delay(50);
  Serial.print("ATDL 8 \r");
  delay(50);
  Serial.print("ATWR \r");
  delay(50);
  Serial.print("ATCN \r");
  delay(50);
}

void loop() {

}
```

이러한 용도는 엑스비 네트워크의 노드 값들을 수집 배포하는 데 있어서 특정 노드와의 통신 활용도를 높이는 경우에도 유효한 방법이 될 것이다. 스케치 코드를 사용하여 안테나의 설정 값들을 변경하는 방법은 아마도 사용법이 조금 어려운 API 사용법이 아닌 AT 명령 방법으로도 상당한 수준의 엑스비 네트워크 데이터 처리를 가능하게 한다.

(3) 공장 모드로 초기화 설정

● X-CTU 모뎀 설정화면에서 변경

엑스비의 내부 설정 값이 공장 모드가 아닌 경우 실습을 따라해도 정상적으로 통신이 되지 않는 현상이 생길 수 있다. 특히 안테나의 송신부와 수신부에 사용하는 설정 값이 서로 다르면 당연히 통신이 되지 않는다. 이런 경우 해결방법은 두 개의 안테나 중 하나를 다른 안테나에 맞춰 변경해주면 되지만, 안테나의 수량이 많은 경우 각각의 세부조건들을 모두 조정하는 것이 쉽지 않을 수 있다. 또 다른 해결방법은 모든 안테나를 사용하기 전에 공장 모드로 초기화하는 방법을 사용하면 된다.

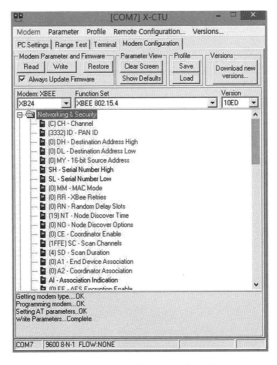

그림 2-8 엑스비 공장 초기화 화면

엑스비의 초기화 방법은 다음과 같다. X-CTU 프로그램의 [modem configuration] 탭에서 [Read] 버튼을 누른 후 [Show Defaults] 버튼을 누르고 이어서 [Always Update Firmware] 체크박스를 체크한 후 [Write] 버튼을 누르면 된다. 이후 그림 2-8 처럼 Complete 결과가 출력되면 정상적으로 초기화된 상태이다.

● AT 명령으로 공장 모드 초기화

X-CTU 터미널 화면을 사용하거나 또는 마이컴의 스케치 코드를 사용하여 AT 명령어들을 사용하면 된다. 먼저 명령 모드로 들어간 다음 "ATRE" <엔터>하면 안테나 내부의 모든 설정 값들이 공장 모드 상태로 전환되므로, 이 상태에서 "ATWR" <엔터> 명령으로 저장하면 작업이 완료된다. "ATCN" <엔터> 명령은 명령 모드에서 데이터 모드로 전환하기 위하여 사용하는 것이므로 사용하지 않아도 좋다.

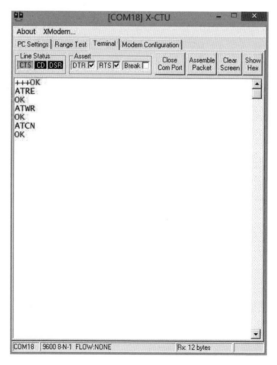

그림 2-9 **AT 명령에 의한 안테나 공장 초기화**

통신 테스트 및 채팅 시도

엑스비 통신이 가능한 거리는 앞서 언급한 대로 멀지 않다. 특히 도심지 건물 내의 공간에서 통신을 시도하려는 경우 어느 정도까지 통신이 가능한지 직접 테스트할 필요가 있다. 엑스비의 출력이 높은 것을 사용하면 상대적으로 더 먼 거리를 통신할 수 있지만, 소비전력이 증가하고 비용이 증가하는 문제가 생기는 만큼 적정 통신거리를 파악하는 것은 필요한 작업일 수 있다.

적정 통신거리가 확인되는 조건에서 가장 간단한 엑스비 통신으로 채팅을 시도해보자. 엑스비 채팅에서는 별도의 프로그래밍 작업이 전혀 필요하지 않으므로 매우 쉽게 실습할 수 있는 예제 중 하나이다. 다만 두 명이 짝을 지어야 실습이 가능하다.

(1) 엑스비 통신거리 테스트

엑스비 통신이 가능한 거리를 파악하는 수단으로 RSSI 신호 강도 테스트를 사용하거나, 또는 루프백(loopback) 통신수단을 활용할 수 있다. 여기서는 엑스비 루프백 통신에 대하여 간단히 설명한다. 하드웨어 구성방법은 한 개의 엑스비를 PC에 연결하고 나머지 한 개의 안테나를 그림 2-10과 같이 독립 전원으로 한다. 안테나의 1번 핀과 10번 핀에 3.3V 전원을 공급하고, 2번 핀과 3번 핀을 점퍼선으로 연결하면 된다.

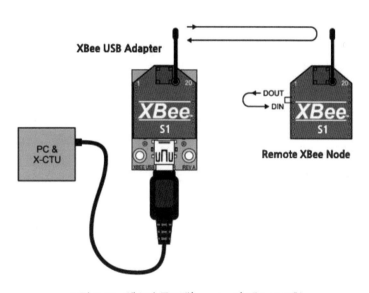

그림 2-10 엑스비 루프백(loop-back) 테스트 모형

그림 2-10과 같은 하드웨어 구성이 완성되었다면, X-CTU 터미널 창에서 어떤 임의의 문자를 입력하면 입력데이터가 PC에 연결된 안테나에서 송신되어 또 다른 안테나에서 수신되고, 데이터를 수신한 안테나가 다시 실시간으로 데이터를 송신하면 PC에 연결된 안테나가 되돌아오는 데이터를 수신하는 실습이 루프백이다.

아래 루프백 실습 결과처럼 PC에서 입력된 데이터가 파란색으로 표시되고, 또 다른 안테나에서 되돌아오는 데이터는 빨간색으로 X-CTU 터미널에서 표시한다. 자! 이제 측정 장소를 옮겨가면서 어떤 측정거리에서 신호가 되돌아오는지를 테스트하면 엑스비 통신이 실제로 가능한 거리를 확인할 수 있을 것이다.

또 다른 전송방법으로 Assemble Pack 버튼을 눌러 "Hello My World" 문장을 한 번에 전송하고, 다시 동일한 문장을 되돌려 받을 수도 있다. 직접 한번 시도해보자!

그림 2-11 **루프백(loop-back) 테스트 화면**

(2) 엑스비 채팅 시도

엑스비 시리즈1(S1)로 채팅 실습을 시도하는 것은 매우 간단하다. 엑스비 동글 또는 엑스비 어댑터를 사용하여 두 대의 컴퓨터에 각각 엑스비(S1)를 연결하고, X-CTU에서 터미널을 열면 곧 바로 통신이 가능한 상태가 된다. 그냥 듣기에도 쉽게 생각되지 않은가? 만약 두 대 이상의 컴퓨터와 엑스비 실습 조건이 갖추어져 있다면 시도해보자.

만약 1:1 엑스비 채팅을 시도하려는 짝이 둘 이상이라면, 엑스비 채팅을 위해 추가 작업이 필요할 수 있다. 앞 절에서 설명한 PAN ID 변경이나 채널 변경 작업을 해주어야 채팅을 하려는 짝 사이에서의 무선 혼신을 방지할 수 있다. 그리고 MY주소와 DL주소를 설정하는 방법으로 1:1 채팅을 할 수도 있다. 상세한 설정방법은 제4장의 내용을 참고해도 좋다.

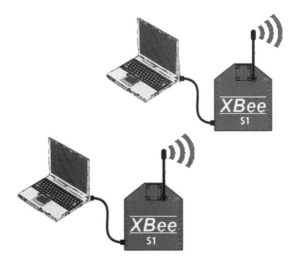

그림 2-12 **엑스비 채팅을 위한 모형**

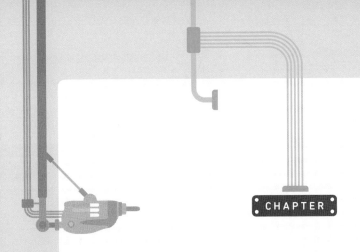

3

PC와 노드 사이
무선통신 실습

이 장은 엑스비 무선통신에 대한 기초적인 실습 거의 모두를 소개한다. 특히, "재미삼아 아두이노"책의 예제와 유사한 환경에서 엑스비 무선통신을 시도하는 방법들을 설명한다. 따라서 혼자서 실습을 따라하기에 부족함이 없을 것이다.

엑스비 무선통신에 사용될 노드로 어떤 부품조합이 사용될 수 있는지 살펴보고, 마이컴과 엑스비를 연결하는 방법을 사용하는 무선통신 방법에 대한 예제들을 배운다. 이러한 예제들은 아두이노 기술과 엑스비 기술을 서로 연관 지어 이해하는 쉬운 주제들이기도 하다.

이 장에서의 엑스비 무선통신 실습은 "재미삼아 아두이노" 실습을 한 번쯤 따라해 본 독자이거나 또는 다른 교재로 아두이노 사용법을 실습한 경우는 매우 쉽게 느껴질 수 있다. 지금까지 실습에서 USB 케이블은 전원을 아두이노에 공급하거나, 스케치 코드를 PC에서 아두이노로 업로드하는 용도로 사용하였다. USB 케이블은 두 기기 간의 통신에도 활용될 수 있다. 아두이노에 연결된 모든 센서에서 수집된 데이터를 PC로 전송하거나, PC에서 아두이노로 데이터 신호를 전송할 때 시리얼 데이터 통신을 위하여 USB 케이블을 사용한다.

이 장에서는 시리얼 데이터 통신수단으로 사용된 USB 케이블을 XBee를 활용하여 무선으로 대체하는 방법을 배운다. 이 방법은 너무 간단해서 한 번만 실습을 따라해 보면 아마도 5분도 걸리지 않아 충분히 이해하게 된다. 이 장에서 다양한 예제들을 함께 소개하는 이유는 엑스비 무선통신을 어렵고 복잡하게 이해하지 않았으면 하는 바람이 있기 때문이다.

이제 여러분은 아마도 이 세상에서 가장 간단하고 쉬운 무선통신 수단을 직접 배우고 활용할 수 있게 된다.

3.1 엑스비 무선 노드 구성방법

엑스비 노드는 엑스비 네트워크의 최소 단위라고 할 수 있다. 엑스비만으로 엑스비 노드를 구성할 수 있고, 엑스비와 아두이노를 서로 연결하여 엑스비 노드로 구성할 수도 있다. 엑스비 부품 내에도 중앙처리장치와 기억장치가 포함되어 있어서, 프로그래밍이 가능

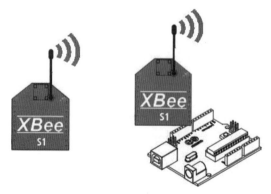

그림 3-1　엑스비 노드 및 아두이노-엑스비 노드의 개념도

하지만 아두이노처럼 쉽게 다루기 어려운 측면이 있다. 그래서 이 장에서는 우선 아두이노-엑스비 형태의 무선 노드를 사용하여 엑스비 통신을 시도한다.

그림 3-2　아두이노-엑스비 노드 구성방법들

아두이노-엑스비 노드 구성에는 그림 3-2와 같이 아두이노 우노 R3에 별도의 엑스비 쉴드(Xbee Shield)를 사용하여 엑스비를 연결하는 방법과 엑스비를 브래드보드에 연결하고 점퍼선으로 연결하는 두 가지 방법이 있다. 이외에 이 책의 실습 예제로 소개할 프라이비(FRIBEE white)에 안테나를 직접 연결하는 방법이 있다. 물론 추가로 전원을 공급해야 한다.

엑스비를 여러 종류의 아두이노에 연결하는 방법은 매우 많이 존재할 수 있으며, 어떤 방법을 선택하더라도 구성 원리는 동일하다.

아래 그림은 엑스비를 브래드보드에 쉽게 연결할 수 있도록 엑스비 어댑터를 사용한 예이다.

(a) 엑스비 노드　　　　　　(b) 노드 구성에 사용된 엑스비 어댑터

그림 3-3　엑스비 노드 구성방법들

엑스비만으로 노드를 구성하는 방법은 엑스비 이외에 별도의 마이컴을 사용하지 않는 노드 구성방법이다. 물론, 엑스비 전원 공급은 안테나 핀 사양을 참조하여 3.3V 전압을 공급해야 하고, 센서와 같은 입출력 부품들을 입출력 핀에 연결하여 센서 노드를 구성할 수 있다. 엑스비의 각 핀 번호 규격에 맞게 다양한 부품들을 연결해보자. 엑스비만으로 노드를 구성하는 예제들은 제4장에서 다루게 된다.

엑스비 시리즈1 규격으로 스타(star)망을 구성할 수 있다고 설명한 바 있다. 엑스비 스타망에서 루트지점의 엑스비 노드를 편의상 원격 노드로 부르고, 스타망의 또 다른 n개 노드를 센서 노드로 부른다. 만약 원격 노드와 센서 노드 사이의 통신거리가 통신가능 범위를 벗어날 수도 있는데, 이런 경우 중간에 또 다른 엑스비 노드를 추가할 수가 있는데, 이러한 노드를 라우터 노드라고 부른다.

지금 제3장부터 소개하는 다양한 엑스비 통신 실습들은 원격 노드와 센서 노드 용어를 주로 사용한다. 원격 노드는 코디네이터 역할을 수행하는 스타망 루트 지점의 엑스비 노드에 대한 다른 표현이고, 센서 노드는 아두이노-엑스비 또는 엑스비만으로 노드를 구성할 수 있다. 센서 노드는 스타망에서 단말장치(end device)에 해당하는 노드를 의미한다.

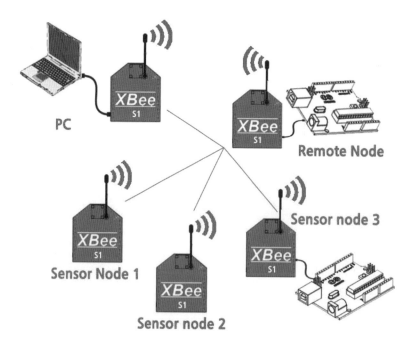

그림 3-4 PC, 원격 노드 그리고 센서 노드들로 구성된 스타망

그림 3-4의 스타망에서 PC와 원격 노드 사이는 USB 케이블을 이용한 유선통신 방식을 사용할 수 있다. 사용자 편의에 따라 유선 또는 무선으로 선택해서 사용할 수 있지만, 제3장의 실습들은 PC와 원격 노드 사이를 엑스비 무선으로 통신하는 경우를 가정한다. 그리고 제4장은 그림 3-4의 다양한 엑스비 통신환경을 조금 더 반영한 실습들로 구성하였다.

참고 여러 명이 함께 엑스비 통신 실습 시 고려사항

혼자서 엑스비 통신 실습을 진행하는 것이 아니라면, 타인의 엑스비 신호와 혼선될 수 있다. 내가 다루는 PC 또는 원격 노드, 센서 노드 신호가 타인의 엑스비 노드들에 전달될 수 있고, 그 반대 상태일 수 있다.

이러한 문제를 해결하려면, 무선 데이터를 공유할 타인을 먼저 선택해야 하고 함께 공유할 안테나들만을 위한 임의의 PAN ID 또는 채널을 X-CTU 프로그램으로 설정하면 된다.

엑스비 설정 변경방법은 2-4절 엑스비의 주요 설정방법을 참고하자.

3.2 PC 키보드로 원격 노드 LED 켜고 끄기

아마도 아두이노를 이미 다뤄본 분이면 LED 불빛을 켜고 끄는 실습이 맨 처음 나오는 실습 주제라는 것을 알 수 있다. 만약 처음으로 아두이노를 접해보는 분이어도 전혀 걱정할 필요는 없다. 지금부터 간단히 따라할 수 있다.

LED 부품은 작은 전압과 전류만으로 직접 불빛을 켜고 끌수 있는 간단한 부품이다. 다이오드와 같은 원리로 동작하는 부품이어서, 전류가 한쪽 방향으로만 잘 흐르는 특징을 가지고 있으며, 애노드(양극)와 캐소드(음극)를 잘 구분하여 연결해야만 정상적으로 불빛을 만들 수 있다. 실습에 사용하는 LED 부품의 리드선의 긴 쪽이 애노드 양극이고 짧은 쪽이 캐소드 음극이다. 그림 3-5를 참고하여 전자회로 구성에 활용하자.

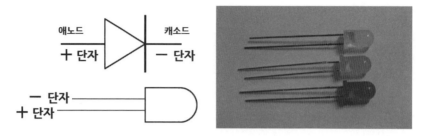

그림 3-5 **LED 심볼 및 실제 부품**

여기서는 PC의 키보드 문자 데이터를 엑스비 시리얼 통신으로 전송하고, 아두이노-엑스비 노드에서 데이터를 수신하여 원격으로 LED 불빛을 켜고 끄는 실습을 해보자. 실습에 필요한 구성품은 다음과 같다.

소요 구성품 목록

- 프라이비 화이트 1개 (또는 아두이노 우노 및 엑스비 쉴드 각 1개)
- 엑스비 USB어댑터 1개
- 엑스비(S1) 2개
- USB A-B 케이블 1개
- 브래드보드, LED, 220Ω 저항 각 1개 및 점퍼선
- 4AA배터리 홀더 전원 1개
- 실습용 컴퓨터(PC) 1대

실습 순서 및 방법

(1) 한 개 LED를 프라이비에 연결하기

LED 부품과 220Ω 저항을 브래드보드에 직렬로 연결한 후, LED의 다리가 긴 쪽(애노드 또는 양극)을 프라이비 디지털핀들 중 9번 핀에 점퍼선으로 연결한다. 그리고 LED 다리가 짧은 나머지 한쪽(캐소드 또는 음극)을 프라이비의 접지(GND)에 연결하면 전기적 연결이 완성된다.

그림 3-6   [프라이 비]에 **LED 연결하기**

(2) 스케치 업로드하기

여러분의 PC에 설치된 아두이노 프로그래밍 도구를 이용하여 다음의 스케치를 프라이
비로 업로드한다. 업로드가 성공했다는 메시지가 표시된다면 다음 단계로 넘어가자. 아
래 스케치는 문자 'h'가 입력되면 LED의 불이 켜지고, 'h' 이외의 다른 문자가 입력되면
LED의 불이 꺼지도록 작성되었다.

```
char ledPin;
void setup(){
    pinMode(9, OUTPUT);
    Serial.begin(9600);
}
void loop(){
    if (Serial.available()>0){
        ledPin = Serial.read();
        if (ledPin == 'h'){
            digitalWrite(9, HIGH);
            delay(10);
        }
        else {
            digitalWrite(9, LOW);
            delay(10);
        }
    }
}
```

[LED ON/OFF 원격제어 스케치 코드]

(3) USB 시리얼통신 PC 키보드 문자로 LED 켜고 끄기 테스트하기

아두이노 통합개발프로그램 시리얼 모니터 화면을 열고 문자 'h'를 입력한 후 전송(send) 버튼을 눌러보자. 프라이비에 연결된 LED에 불빛이 들어오면 정상이다. 그리고 'h' 이외의 문자를 입력하고 전송해보자. 이제는 LED의 불빛이 꺼진다. 이와 같이 잘 동작하고 있다면 다음 단계로 넘어가도 좋다.

그림 3-7 **아두이노 시리얼모니터 화면**

(4) PC에 엑스비 연결하고 X-CTU 프로그램 열기

엑스비 어댑터에 엑스비를 연결하고 PC의 USB 포트에 연결한다. 그 다음 Digi사에서 다운로드 받아서 설치한 X-CTU 프로그램을 클릭하여 열고, Baudrate 값 9600을 포함한 모든 설정 값을 그림 3-8과 같이 설정하고, Test/Query 버튼을 누르면 현재 연결된 엑스비의 고유번호 정보가 표시된다.

그림 3-8과 같이 Serial Number 값이 나타난다면 정상적으로 동작하고 있다. 그림에서 표시된 Serial Number는 모든 안테나의 고유한 번호여서 이 세상의 어떤 엑스비와도 중복되지 않는다. 따라서 어떤 고유한 엑스비의 고유번호를 이용해서도 1:1 통신이 가능하다. 그리고 그림에서 표시된 고유번호(Serial Number)는 현재 실습에 사용된 엑스비의 뒷면에도 동일하게 기록되어 있다.

X-CTU에서 엑스비가 정상적으로 연결되었다면, 터미널(Terminal) 탭을 눌러 이동한다.

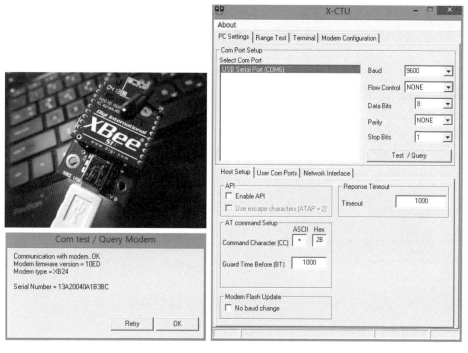

그림 3-8 **X-CTU를 사용하여 엑스비 연결상태 확인하기**

(5) 원격 노드에 엑스비 연결하기

이제 프라이비와 PC를 연결하는 USB 케이블을 제거하고, 프라이비에 엑스비를 직접 연결한 후 AA배터리 전원을 연결한다. 그리고 엑스비용 시리얼 통신을 위하여 딥스위치 방향을 XBee Serial 방향으로 전환한다.

그림 3-9 **엑스비 통신을 위한 화면**

만약 아두이노 우노를 사용하여 엑스비를 연결하려면 Xbee Shield 부품을 사용하거나, 또 다른 수단으로 엑스비를 아두이노와 연결해야만 한다.

프라이비 화이트 딥스위치 선택	
USB 시리얼 통신	**엑스비 시리얼 통신**
PC와 아두이노 데이터 통신을 **USB 케이블로 연결**하는 경우에 사용하는 딥스위치 방향	PC와 아두이노 데이터 통신을 **Xbee 안테나를 이용하여 무선으로 연결**하는 경우의 딥스위치 방향

(6) 엑스비 통신을 이용하여 PC 키보드 문자로 LED 켜고 끄기

이제 X-CTU 통신을 위한 터미널 화면으로 넘어가보자. 아래 X-CTU 화면에서 Terminal 탭을 누르면 그림 3-10의 화면이 나타나는데, 이때 좌측 상단의 Line Status 표시창에 CTS가 초록색으로 계속 켜진 상태가 유지되어야 한다. 만약 그렇지 않다면 통신실습이 곤란할 수 있다.

그림 3-10 **X-CTU 데이터 통신 상태 확인 표시**

모든 통신 조건이 만족되면 창에서 'h'를 입력해보자. 그러면 프라이비에 연결된 LED에 불빛이 들어온다. 그리고 'h' 이외의 문자가 입력되면 LED의 불빛은 꺼진다. 엑스비 무선으로 우리는 LED의 불빛을 켜고 끄는 실습을 성공했다.

혹시 여러분의 실습이 성공하지 못했다면 어떤 문제점이 있었는지 차근차근 검토해보자.

그림 3-11 엑스비 통신 실습 장면

키보드 문자로 프라이비에 연결된 LED의 ON/OFF 동작을 동영상으로 살펴보려면 프라이봇 블로그(fribot.blog.me) 검색창에서 검색해서 살펴볼 수 있다.

 요약

키보드 문자로 엑스비 통신을 사용하여 원격으로 아두이노-엑스비 노드에 연결된 LED의 불빛을 켜고 끄는 실습을 시도해 보았다. LED 부품의 애노드(양극: +)와 캐소드(음극: −)를 구분하고, 저항의 크기를 읽을 수 있다면 여러분은 쉽게 아두이노에 그림과 같이 따라 구성할 수 있다.

엑스비 시리즈1 통신 방법은 USB 시리얼 통신방법과 매우 동일한 방법으로 대체될 수 있어서 쉽게 사용법을 익힐 수 있다.

 추가 프로젝트

1. 두 개 이상의 LED를 사용하여 무선으로 디지털 ON/OFF 하는 실습을 시도해보자.
   LED 제어를 위한 키보드 문자의 개수를 LED 개수와 동일하지 않게 설정하여도 다양한 LED 불빛 제어방법들이 있다.

2. 두 개 이상의 LED를 사용하여 아날로그 ON/OFF 동작이 포함된 원격제어를 구성할 수 있을까? 키보드 문자 제어로 디지털제어 LED와 아날로그 LED 제어를 동시에 구성해보자.

키보드로 원격 노드 LED 불빛을 제어하는 것보다 마우스 이동으로 LED 불빛을 제어할 수 있으면 더욱 재미있고 인간 친화적인 아두이노 작업이 될 것 같다. 특히, PC에서 특별한 문서 작업을 하지 않는 동안 마우스로 웹서핑을 하거나 터치 스크린을 이용하여 여유를 즐길 수 있을 것이다.

이제 PC의 그래픽사용자(GUI)환경에서 아두이노를 다루는 방법, 더 나아가 엑스비 통신으로 LED 불빛을 켜고 끄는 작업을 실습해보자. 그래픽사용자환경을 위해서는 프로세싱이라는 별도의 도구를 사용한다. 프로세싱은 MIT 미디어랩에서 무료로 배포하는 프로그램으로 비전문가도 비교적 쉽게 사용할 수 있는 특징이 있다.

실습에 필요한 구성품들은 다음과 같다.

소요 부품 목록

- 프라이비 화이트 1개(또는 아두이노 우노 및 엑스비 쉴드 각 1개)
- 엑스비 USB어댑터 1개
- 엑스비(S1) 2개
- USB A-B 케이블 1개
- 브래드보드, LED, 220Ω저항 각 1개 및 점퍼선
- AA배터리 홀더 전원 1개
- 실습용 컴퓨터(PC) 1대

실습 순서 및 방법

앞 3-1절의 PC 키보드 문자로 원격 노드 LED 켜고 끄기 실습을 그대로 반복하면서, X-CTU 문자 입력 터미널을 프로세싱 프로그램으로 바꾸어 실습한다.

그래서 앞 절의 (1)~(5) 과정을 반복한 후 다음 단계를 따라해보자.

(6) 프로세싱 설치하고, 시리얼통신 프로그램 실행하기

프로세싱 프로그램이 준비되지 않았다면, 지금 processing.org에서 다운로드 받은 후 압축을 풀어 설치한다. 프로그램 설치가 완료되었다면, File 메뉴 중 Examples 하위 메뉴를 찾아서 선택한다. 그러면 추가로 펼쳐지는 팝업 Java Examples 창에서 Libraries 폴더의 하위 폴더 serial 폴더 내의 simpleWrite 예제를 선택하면 된다.

선택된 프로그램에는 이번 실습에 사용할 간단한 시리얼통신이 가능한 코드를 포함하고 있어서, 아두이노 프로그램과의 호환을 위하여 한 개의 문자만 수정하면 된다. 펼쳐진 프로세싱 코드 중 void draw( ) 함수 내용 중 마우스를 그림의 동그라미에 옮겼을 때를 의미하는 코드인 "myPort.write('H');" 내용 중 대문자 'H'를 소문자 'h'로 수정하면 된다.

수정이 완료되었다면, ▶ 표시의 실행(RUN) 버튼을 누르면 그래픽 입력화면이 생성된다.

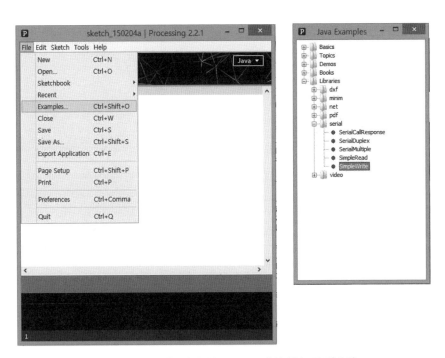

그림 3-12 엑스비 통신으로 프로세싱 실습 장면(계속)

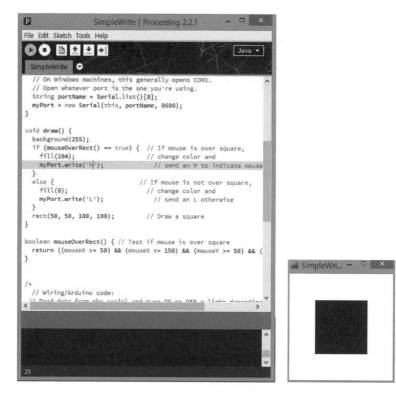

그림 3-12 엑스비 통신으로 프로세싱 실습 장면

(7) 마우스로 원격 노드 LED 불빛을 켜고 끄기

이제 마우스 포인터를 천천히 움직여서 새로 생성된 창의 도형 안으로 옮겨 보자. 만약 여러분의 아두이노에 연결된 LED의 불빛이 켜지거나 꺼지는 변화가 있다면 실습이 성공한 것이다.

만약, 마우스 움직임으로 프라이비에 연결된 LED의 ON/OFF 동작을 동영상으로 살펴보려면 프라이봇 블로그(fribot.blog.me) 검색창에서 검색해서 살펴볼 수 있다.

 요약

마우스 움직임으로 엑스비 통신을 사용하여 원격으로 아두이노-엑스비 노드에 연결된 LED의 불빛을 켜고 끄는 실습을 시도해 보았다. 3-2절과 유사한 실습이었지만, 그래픽사용자 환경으로 LED 전원 스위치 입력을 만들기 위해 프로세싱를 활용하는 방법을 살펴보았다.

1. 다양한 색상으로 표시되는 그래픽 인터페이스들을 만들고, 두 개 이상의 **LED**를 사용하여 무선으로 디지털 **ON/OFF** 하는 실습을 시도해보자.
   LED 제어를 위한 키보드 문자의 개수를 **LED** 개수와 동일하지 않게 설정하여도 다양한 **LED** 불빛 제어방법들이 있을 것이다.

2. 두 개 이상의 **LED**를 사용하여 아날로그 **ON/OFF** 동작이 포함된 원격제어를 구성할 수 있을까?

3. 마우스로 **LED**의 불빛 밝기를 원격 조절할 수 있을까? 아두이노 **PWM** 출력 기능을 사용하여 **LED**의 불빛 밝기를 제어하는 실습을 시도해보자.

3.4 원격 노드 푸시 버튼 데이터를 PC로 전송

푸시버튼 스위치는 디지털 신호를 만들 수 있는 가장 간단한 부품 중 하나이다. 푸시버튼은 풀-업(pull up) 또는 풀-다운(pull down) 방법을 이용하여 간단하게 구성할 수 있다. 아두이노 실습의 기초를 배운 분이면 쉽게 따라할 수 있는 내용이지만, 처음 실습을 따라 해도 걱정할 필요는 없다. 아래 간단한 설명을 참고하여 푸시 버튼 회로를 아두이노와 연결해보자.

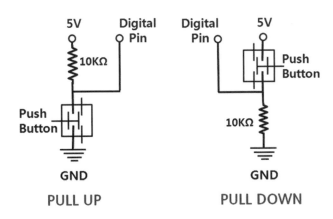

그림 3-13 풀업 풀다운 푸시버튼 연결방법

두 가지 푸시버튼 연결 방법의 차이는 푸시버튼이 차단상태(OFF)일 때 중간지점에서의 신호 값이 HIGH(5V)값이면 풀-업 방식이고, LOW(0V)값이면 풀-다운 방식이다. 프라이비와 같은 마이컴에 전압신호를 입력하는 가장 간단한 전자회로 연결 방법 중 하나이며, 푸시버튼으로 '1'과 '0' 신호를 만드는 수단이기도 하다. 그리고 종종 푸시버튼을 대신하여 다양한 저항 변화형 센서를 풀-업 또는 풀-다운 방법으로 연결하고 마이컴에 신호를 전달하는 방법으로 사용된다.

이 절에서는 푸시버튼으로 만들어지는 ON/OFF 디지털 신호를 프라이비-엑스비 원격 노드에서 엑스비 통신으로 PC에 전송하면서, 버튼 상태 값이 화면에 표시되는 실습을 따라 해보자. 실습에 필요한 구성품들은 다음과 같다.

소요 부품 목록

- 프라이비 화이트 1개(또는 아두이노 우노 및 엑스비 쉴드 각 1개)
- 엑스비 USB어댑터 1개
- 엑스비(S1) 2개
- USB A-B 케이블 1개
- 브래드보드, 푸시버튼, 10KΩ 저항 각 1개 및 점퍼선
- AA배터리 홀더 전원 1개
- 실습용 컴퓨터(PC) 1대

실습 순서 및 방법

(1) 푸시버튼을 디지털핀에 연결하기

푸시버튼을 프라이비에 연결하는 방법에는 풀-업 방법과 풀-다운 방법이 있다. 이번 실습에는 두 가지 연결 방법 중에서 임의로 선택된 풀-다운 방식을 사용하여 푸시버튼과 10KΩ 저항을 프라이비와 연결한다.

그림 3-14 　프라이비에 푸시버튼 설치하기

(2) 스케치 업로드하기

여러분의 PC에 설치된 아두이노 프로그래밍 도구를 이용하여 다음의 스케치를 프라이비로 업로드한다. 업로드가 성공했다는 메시지가 표시된다면 다음 단계로 넘어가자. 아래 소개하는 스케치는 푸시버튼 신호를 X-CTU 화면에 표시할 때 사용할 수 있는 스케치 표현이다.

```
int buttonState = 0 ;
void setup(){
    pinMode(9, INPUT);
    Serial.begin(9600);
}
void loop(){
    buttonState = digitalRead(9);
    Serial.println(buttonState);
    delay(50);
}
```

[원격 노드 푸시버튼 스케치 코드]

(3) USB 시리얼 통신으로 푸시버튼 ON/OFF 신호를 화면에 표시하기

아두이노 프로그램의 시리얼 모니터 화면을 열고, 푸시버튼을 눌렀다 다시 원위치로 되돌리면 시리얼 모니터 화면에 '1' 또는 '0' 숫자가 표시된다. 만약 숫자가 푸시버튼 동작에 따라 표시된다면 지금까지의 실습은 성공적으로 진행되고 있다.

그림 3-15 **아두이노 시리얼 모니터 출력화면**

(4) PC에 엑스비 연결하고 X-CTU 프로그램 열기

엑스비 어댑터에 엑스비를 연결하고 PC의 USB 포트에 연결한다. 그 다음 X-CTU 프로그램을 클릭하여 열고 Test/Query 버튼을 눌러 현재 연결된 엑스비의 고유번호 정보가 표시

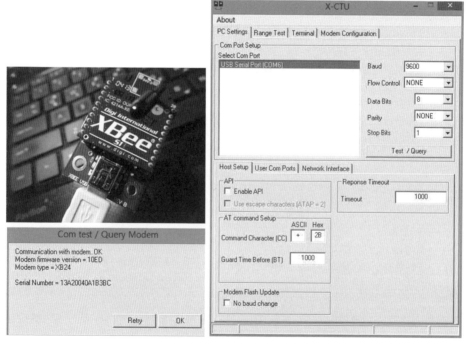

그림 3-16 **X-CTU를 사용하여 엑스비 연결상태 확인하기**

되는지 확인한다. Serial Number 값이 나타난다면 정상적으로 동작하고 있다.

X-CTU에서 엑스비가 정상적으로 연결되었다면, 터미널(Terminal) 탭을 눌러 이동한다.

(5) 원격 노드에 엑스비 연결하기

이제 프라이비와 PC를 연결하는 USB 케이블을 제거하고, 프라이비에 엑스비를 직접 연결한 후 AA배터리 전원을 연결한다. 그리고 엑스비용 시리얼 통신을 위하여 딥스위치 방향을 USB 포트 방향으로 켜서 XBee Serial 방향으로 전환한다.

그림 3-17 엑스비통신을 위한 실습장면

만약 아두이노 우노를 사용하여 엑스비를 연결하려면 Xbee Shield 부품을 사용하거나, 또 다른 수단으로 엑스비를 아두이노와 연결해야만 한다.

프라이비 화이트 딥스위치 선택	
USB 시리얼 통신(끄기)	**엑스비 시리얼 통신(켜기)**
PC와 아두이노 데이터 통신을 **USB 케이블로 연결**하는 경우에 사용하는 딥스위치 방향	PC와 아두이노 데이터 통신을 **Xbee 안테나를 이용하여 무선으로 연결**하는 경우의 딥스위치 방향

(6) 원격 노드 푸시버튼 ON/OFF 동작을 X-CTU 화면에 표시하기

이제 X-CTU 통신을 위한 터미널 화면으로 넘어가보자. 아래 X-CTU 화면에서 Terminal 탭을 누르면 아래 화면이 나타나는데, 이때 좌측 상단에 Line Status 표시 창에서 CTS가 초록색으로 계속 켜진 상태가 유지되어야 한다. 만약 그렇지 않다면 통신이 정상적으로 이루어지지 않는다.

이제 원격 노드의 푸시버튼을 눌렀다 원위치로 되돌리는 동작을 여러 번 반복해보자. 그러면 아래 보이는 화면처럼 '1' '0' 숫자가 반복적으로 표시된다. 숫자가 '1'이면 푸시버튼이 눌러진 상태를 표시하고, '0'이면 푸시버튼이 눌러지지 않은 상태를 표시한다.

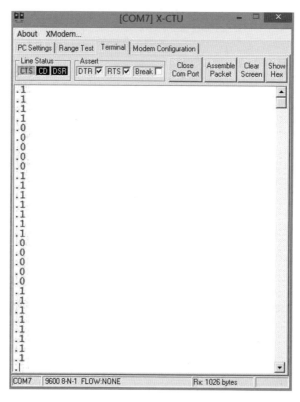

그림 3-18 **X-CTU 화면에 출력된 엑스비 통신데이터**

여러분의 실습에서도 위 화면이 표시되는가? 혹시 여러분의 실습이 성공하지 못했다면 어떤 문제점이 있었는지 차근차근 검토해보자.

그림 3-19 엑스비 통신 실습장면

 요약

원격 노드에 연결된 푸시버튼으로 엑스비 통신을 사용하여 PC 화면의 X-CTU 터미널에 표시하는 실습을 시도해 보았다. 푸시버튼을 연결하는 방법에는 풀-업 방식과 풀-다운 방식이 있지만, 어느 방식을 사용해도 무방하다. 여러분은 풀-다운 방식으로 푸시버튼을 원격 노드에 연결하는 방법을 실습해 보았다. 그리고 USB 시리얼 통신 수단을 간단히 엑스비 시리얼 통신 수단으로 대체하는 방법에 대해서도 반복적으로 실습을 해보았다.

🐦 추가 프로젝트

1. 이 절의 풀-다운 푸시버튼 연결 방법을 풀-업 방법으로 바꿔 동일한 실습을 하여도 동일한 결과가 나올까? 직접 실습해보자.

2. 두 개의 푸시버튼을 사용하여 복수의 푸시버튼 상태를 화면에 표시하려면 어떻게 해야 하는지 생각해보자. 그리고 직접 구현해보자.

3. 하나의 푸시버튼을 누르는 시간을 장/단으로 구분하여 서로 다른 신호로 표시할 수 있을까? 만약 가능하다면 어떤 알고리즘과 코드가 추가되어야 하는지 생각하고 적용해보자.

4. 모스부호는 SOS 신호 등 다양한 알파벳 표현을 신호의 장단으로 표현할 수 있다. 여러분은 푸시버튼 한 개로 SOS 신호를 전송할 수 있을까? 그리고 푸시버튼 두 개로 장 신호와 단 신호를 구분하여 전송할 수도 있을까? 두 가지 전송방법에 대하여 기술의 장단점을 서로 토의하여 보자.

원격 노드의 푸시 버튼 데이터를 GUI 그래픽으로 표현

원격 노드 푸시버튼의 입력데이터를 X-CTU 터미널 화면에 표시하는 것은 다루기 간단해서 편리하다. 무엇보다 추가 지식없이 초보자도 쉽게 따라할 수 있다는 점에서 추천할 수 있는 방법이다. 그렇지만, 시리얼 통신으로 전송된 데이터를 PC 화면에서 조금 더 색다르게 표현하거나, 별도의 프로그램과 연동하는 것 등의 작업을 하려면 프로세싱 프로그램으로 그래픽 표현에 대한 내용을 이해하는 것이 도움이 된다.

프로세싱 프로그램으로 아두이노 푸시버튼 데이터를 읽어들이는 방법은 3-3절의 Serial.write() 함수와 짝을 이루는 Serial.read() 함수에 대한 내용을 담고 있다. Serial.read() 함수를 이용하여 아두이노와 연결된 다양한 센서 데이터들을 직접 전송받고, 그래픽 출력 형태로 표현할 수도 있다.

이 절에서는 PC의 그래픽사용자(GUI)환경에서 아두이노의 푸시버튼 데이터를 그래픽으로 구분하여 표시하는 방법을 배운다. 이미 프로세싱 프로그램은 한번 사용해보았으므로 조금은 익숙해졌을 것으로 생각한다.

실습에 필요한 구성품들은 다음과 같다.

소요 부품 목록

- 프라이비 화이트 1개 (또는 아두이노 우노 및 엑스비 쉴드 각 1개)
- 엑스비 USB어댑터 1개
- 엑스비(S1) 2개
- USB A-B 케이블 1개
- 브레드보드, 푸시버튼, 10KΩ 저항 각 1개 및 점퍼선
- AA배터리 홀더 전원 1개
- 실습용 컴퓨터(PC) 1대

(1) 푸시버튼을 디지털핀에 연결하기

푸시버튼을 10KΩ 저항을 사용하여 프라이비에 풀-다운 방식으로 연결한다. 3-4절에서 와 동일하게 구성하면 된다.

(2) 스케치 업로드하기

다음 스케치를 업로드하도록 한다. 이전 3-4절에서 업로드한 스케치와는 다른 표현을 사용한다. 단순히 터미널 화면에 출력을 할 때는 print() 함수를 사용할 수 있지만, 이제 프로세싱이라는 별도의 프로그램에 원격 노드 푸시버튼 데이터를 전송해야 하므로 더이상 print()함수를 사용할 수가 없다.

아래 스케치에서 사용하는 write()함수를 사용하여 푸시버튼 데이터를 전송하는 방법을 실습해보기로 한다.

```
int buttonState = 0 ;
void setup(){
    pinMode(9, INPUT);
    Serial.begin(9600);
}
void loop(){
    buttonState = digitalRead(9);
    if (buttonState == HIGH){
        Serial.write(1);
    }
    else {
        Serial.write(0);
    }
    delay(50);
}
```

원격 노드 푸시버튼 스케치 코드

(3) USB 시리얼 통신 모드에서 푸시버튼 ON/OFF 상태 확인하기

아두이노 시리얼 모니터 창을 열고, 푸시버튼 동작상태에 따라 화면 출력을 살펴보면, 3-4절에서의 결과와는 다르게 '0'과 '1'로 구분되지 않는 알 수 없는 형태로 출력이 표시

된다. 시리얼 모니터에서 알 수 없는 데이터가 표시되어도 실습이 잘못되지 않았으므로
다음 단계로 진행해도 좋다.

(4) PC에 엑스비 연결하기

엑스비 어댑터에 엑스비를 연결하고 PC의 USB 포트에 연결한다. 그 다음 X-CTU 프
로그램을 열고, Test/Query 버튼을 눌러 현재 연결된 엑스비의 고유번호 정보가 표시되
는지 확인한다. 만약 Serial Number 값이 나타난다면 정상적으로 동작하므로, 터미널
(Terminal) 탭을 눌러 터미널 창으로 이동한다.

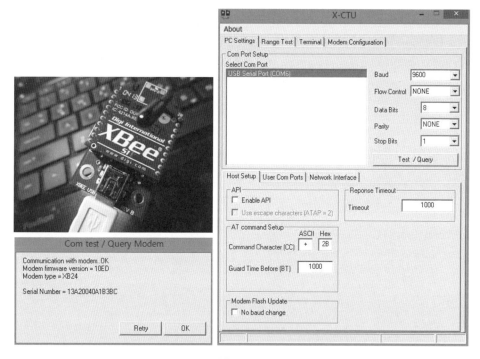

그림 3-20 **X-CTU를 사용하여 엑스비 연결상태 확인하기**

(5) 원격 노드에 엑스비 연결하기

이제 프라이비와 PC를 연결하는 USB 케이블을 제거하고, 프라이비에 엑스비를 직접 연
결한 후 AA배터리 전원을 연결한다. 그리고 엑스비용 시리얼 통신을 위하여 딥스위치 방
향을 XBee Serial 방향으로 전환한다.

그림 3-21　엑스비통신을 위한 실습장면

만약 아두이노 우노를 사용하여 엑스비를 연결하려면 Xbee Shield 부품을 사용하거나, 또 다른 수단으로 엑스비를 아두이노와 연결해야만 한다.

프라이비 화이트 딥스위치 선택	
USB 시리얼 통신	**엑스비 시리얼 통신**
PC와 아두이노 데이터 통신을 **USB 케이블로 연결**하는 경우에 사용하는 딥스위치 방향	PC와 아두이노 데이터 통신을 **Xbee 안테나를 이용하여 무선으로 연결**하는 경우의 딥스위치 방향

(6) PC에서 X–CTU 프로그램 클릭하여 열고 엑스비 연결 확인하기

엑스비 어댑터에 엑스비를 연결하고 PC의 USB 포트에 연결한다. 그 다음 Digi사에서 다운로드 받아서 설치한 X-CTU 프로그램을 클릭한 다음, 엑스비가 인식되면 Terminal 탭으로 이동한다.

터미널 탭으로 이동한 상태에서 푸시버튼을 ON/OFF 동작시키면, X-CTU 화면에서 식별할 수 없는 데이터가 표시된다. 이제 터미널 탭의 메뉴 버튼들 중에서 Show Hex 버튼을 누르면 새로운 데이터 표시 창이 열리고 '0'과 '1'값이 정확하게 표시된다.

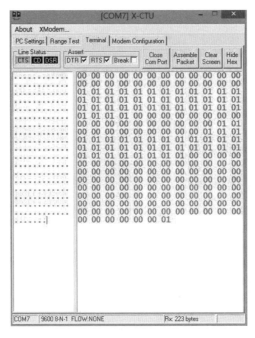

그림 3-22　**X-CTU 화면에 출력된 엑스비 통신데이터**

(7) 프로세싱 GUI 그래픽으로 푸시버튼 상태를 컴퓨터 화면에 표시하기

이미 여러분은 프로세싱 프로그램을 한번 사용해보았다. 동일한 사용법으로 푸시버튼 ON/OFF 동작을 표시하여 보자. 프로세싱 File 메뉴 중 Examples 하위 메뉴를 찾아서 선택한다. 그러면 추가로 펼쳐지는 팝업 Java Examples 창에서 Libraries 폴더의 하위 폴더 serial 폴더 내의 SimpleRead 예제를 선택한다.

　선택된 프로그램에는 이번 실습에서 사용할 간단한 시리얼통신이 가능한 코드를 포함하고 있으며, 수정없이 그대로 사용한다. 만약 그래픽 출력 표시의 색상이나 모양 등 사용자 필요에 의한 수정이 필요하다면 수정해도 좋다. 선택된 프로세싱 프로그램 SimpleRead 를 동작시키기 위하여, ▶ 표시의 실행(RUN) 버튼을 누르면 그래픽 입력화면이 생성된다.

그림 3-23 엑스비 통신으로 프로세싱 실습 장면

위 프로그램을 실행시키면 아래와 같은 두 가지 패턴의 도형이 표시된다. 하나는 푸시 버튼을 눌렀을 때의 그래픽 표시화면이고, 다른 하나는 푸시버튼을 누르지 않았을 때의 그래픽 표시화면이다.

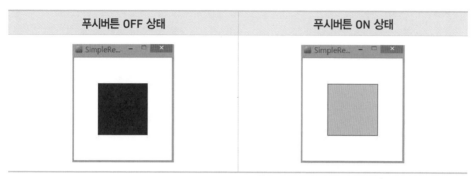

그림 3-24 프로세싱 GUI 데이터 표시화면

 요약

원격 노드에 연결된 푸시버튼의 **ON/OFF** 동작에 대한 결과를 엑스비 시리얼 통신을 이용하여 **PC** 화면에서 숫자/문자로 표시하지 않고, 그래픽 도구로 표시하는 방법을 공부하였다. X-CTU 터미 널 프로그램으로는 구현하기 어려웠던 그래픽 데이터 표시방법은 프로세싱이라는 도구를 사용하 여 쉽게 해결할 수 있었다.

더 다양한 형태로 변화된 그래픽 표현도 물론 쉽게 구현할 수 있다. 여러분이 C-언어에 대하여 조 금 더 관심을 가진다면 가능하다는 의미이다. 3-5절은 3-4절의 내용을 반복하면서 푸시버튼 입 력 데이터를 PC에서 표현할 때 그래픽으로 변환하는 측면에 대한 내용을 담고 있다. 그래서 조금 더 친근하게 실습할 수 있었으면 하는 바람을 담고 있다.

 추가 프로젝트

1. 두 개의 푸시-버튼을 사용하여 복수의 푸시버튼 상태를 그래픽 도형 화면으로 표시해보자. 예 를 들면 하나의 푸시-버튼 신호는 사각형 도형으로 표시하고, 나머지 하나의 푸시-버튼 신호 는 삼각형 도형으로 표시해보자(두 개 도형의 색상을 다르게 표현해도 좋다).

2. 두 개 푸시-버튼에서 전송되는 각 데이터를 장/단으로 구분하여 모스부호 신호로 번역할 수 있을까? 전자적 데이터 장/단 신호를 모스신호로 인식하고, 영문 알파벳으로 변환하는 프로 그램을 만들어 보자.

PC 키보드 문자로 원격 노드 부저음으로 소리내기

피에조 스피커는 직류 신호로 가장 간단하게 소리를 낼 수 있는 부품이다. 부저라고 불리기도 하는데, 직류 전원 신호의 주파수에 따라 소리의 높낮이를 다르게 낼 수 있는 특징이 있다. 특히, 부저음은 어떤 컴퓨터 프로그래밍 동작을 구현할 때 시작 시점과 종료 시점을 표시하는 수단으로 유용하게 활용될 수 있고, 모니터가 없는 환경에서 특정 센서값에 반응하는 부저음으로 표시할 수 있다. 그렇지만, 아쉽게도 MP3와 같이 실제와 유사한 소리를 표현하는 데 제한이 있는 부품이기도 하다.

이 장에서는 원격 노드에 연결된 부저에서 고/저/장/단을 표현하는 음을 엑스비 통신으로 표현한다. 이어서 프로세싱 프로그램으로 특정 문자를 전송하고, 부저음을 동작시키는 동작을 실습한다.

소요 부품 목록

- 프라이비 화이트 1개 (또는 아두이노 우노 및 엑스비 쉴드 각 1개)
- 엑스비 USB어댑터 1개
- 엑스비(S1) 2개
- USB A-B 케이블 1개
- 브레드보드, 부저 각 1개 및 점퍼선
- AA배터리 홀더 전원 1개
- 실습용 컴퓨터(PC) 1대

실습 순서 및 방법

(1) 부저를 프라이비에 연결하기

부저 부품은 직류 전기 신호를 소리로 변환하는 부품이다. 반대의 효과를 이용하는 것이 마이크이고, 따라서 소리음을 전기 신호로 변환하는 역할을 한다. 우리가 보통 사용하는 일반 스피커는 교류 전기 신호를 소리로 변환하는 부품이어서, 부품의 세부 구성과 사용법이 서로 다르기 때문에 서로 혼용하여 사용할 수 없다.

부저는 직류 전기 신호를 사용하기 때문에 양극(+)과 음극(−)을 구분해서 연결해야만 하고, 일반 스피커보다는 음질이 나쁘지만 사용방법이 간단하고 비교적 다양한 음을 표현할 수 있는 점이 특징이다.

아래 그림과 같이 프라이비 디지털핀 9번에 부저의 양극을 연결하고, 음극을 접지에 연결한다.

그림 3-25　엑스비 통신을 위한 부저 연결하기

(2) 스케치 업로드하기

프라이비에 다음의 스케치를 업로드한다. 부저를 동작시키는 데 필요한 함수는 tone() 함수인데, 그 사용법이 매우 간단하다. 이미 한 번 사용해본 독자라면 쉽게 사용할 수 있다. 아래 소개하는 스케치의 tone() 함수 이외의 표현들은 모두 부차적인 표현들이지만, 알아두면 매우 유익한 표현들이다.

```
char noteNames[] = {'z','x','c','v','b','n','m'};
int frequency[] = {1047,1175,1319,1397,1568,1760,1976};
byte noteCount = sizeof(noteNames);

void setup(){
    Serial.begin(9600);
}
```

```
void loop(){
    if (Serial.available()>0){
    int duration = 333;
    char score = Serial.read();
    playNote(score, duration);
    }
}
void playNote(char note, int duration){
    for (int i=0 ; i<noteCount ; i++){
        if (noteNames[i] == note)
            tone(9, frequency[i], duration);
    }
    delay(duration);
}
```

위 스케치에서 noteNames[]와 frequency[] 변수는 배열변수이다. 한 가지 종류의 부저음만 내지 않고, 여러 가지 종류의 부저음을 표현하려면 매우 편리한 방법이다. 배열 원소로 키보드 입력 문자를 정의하고, 부저의 고/저 음을 구분하여 낼 수 있는 주파수를 각각 정의하여 두 개 배열변수를 서로 연결시키면 키보드 문자에 따라 각각 다른 부저 소리를 낼 수 있다. 그리고 함께 사용된 sizeof() 함수는 배열변수의 원소 숫자를 직접 헤아리지 않아도 계산해주는 함수이므로 기억해두고 자주 이용하면 좋다. playNote() 함수는 키보드 입력 문자에 1:1로 대응하는 주파수를 찾아서 tone() 함수 내의 주파수 변수로 대입하는 역할을 수행한다. 그래서 사전에 정의된 키보드 문자를 다양하게 누를 때마다 서로 다른 음이 소리나도록 한다.

(3) USB 시리얼 통신 모드에서 키보드 문자로 부저 소리내기

아두이노 프로그램의 시리얼 모니터 창을 열고, 사전에 정의된 'z' 'x' 'c' 'v' 'b' 'n' 'm' 문자를 입력한 후 전송(send) 버튼을 눌러 보자. 만약 'z' 'x' 'c' 'v' 'b' 'n' 'm' 문자에 대응하여 도/레/미/파/솔/라/시 음계를 가르키는 소리가 들리면 정상적으로 동작한다.

(4) PC에 엑스비를 연결하고, 원격 노드에 엑스비 연결하기

그림 3-26 **X-CTU를 사용하여 엑스비 연결상태 확인하기**

이제 USB 케이블을 제거하고, 엑스비를 연결한다. X-CTU 프로그램으로 엑스비가 인식되는지 확인한 후 터미널 탭을 눌러 이동한다.

다음 단계로 원격 노드에 엑스비를 연결한다. 프라이비에 엑스비를 연결하고, AA배터리 전원을 연결하면 된다. 동시에 프라이비의 딥스위치 방향을 엑스비 통신을 위한 방향으로 전환해야 한다.

프라이비 화이트 딥스위치 선택	
USB 시리얼 통신	**엑스비 시리얼 통신**
PC와 아두이노 데이터 통신을 **USB 케이블로 연결**하는 경우에 사용하는 딥스위치 방향	PC와 아두이노 데이터 통신을 **Xbee 안테나를 이용하여 무선으로 연결**하는 경우의 딥스위치 방향
	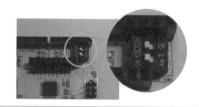

(5) X-CTU 터미널로 키보드 문자를 입력하여 부저음 소리내기

USB 케이블로 소리가 잘 들렸다면, 아마도 X-CTU 터미널 화면에서도 사전에 정의된 'z' 'x' 'c' 'v' 'b' 'n' 'm' 문자를 입력할 때 각 음계의 부저음이 들린다. 만약 그렇지 않다면 엑스비 통신을 위한 하드웨어 전환 작업에 문제가 발생했을 가능성이 높다. 다시 한 번 상세히 살펴보기 바란다.

키보드 문자로 "반짝 반짝 작은 별" 노래를 연주할 수 있을까? 물론 쉽게 연주할 수 있으리라 생각한다. 1mw 출력의 엑스비 통신 거리가 장애물이 없는 가시거리 조건에서는 100미터 정도이므로 꽤 멀리 떨어져서도 키보드 문자로 필요한 음계의 부저음을 울릴 수 있다.

(6) 프로세싱 키보드 문자로 부저음 소리내기

이제 X-CTU 터미널이 아닌 내가 작성한 프로그램 프로세싱 스케치로 키보드 문자를 전송해보자. 그렇게 하기 위해서는 프로세싱 프로그램 파일(File) 메뉴를 열고 새로운 문서(New)를 선택해야 한다. 그 다음 아래의 스케치를 입력해보자.

```
import processing.serial.*;
Serial myPort;
void setup() {
  size(200, 200);
  textSize(150);
  textAlign(CENTER);
  String portName = Serial.list()[0];
  myPort = new Serial(this, portName, 9600);
}
void draw() {
}
void keyPressed() {
  background(0);
  myPort.write(key);
  text(key,100,140);
}
```

프로세싱 프로그램을 동작시키기 위하여 ▶ 표시의 실행(RUN) 버튼을 누르면 아래 그림과 같은 그래픽 입력 화면이 생성된다. 이제 키보드 문자 'z' 'x' 'c' 'v' 'b' 'n', 'm'들을 순서대로 입력해보자. 여러분의 부저에서도 도/레/미/파/솔/라/시 음이 들리는가? 프로세싱 프로그램을 이용한 엑스비 실습들이 여러분에게 많은 도움이 되기를 진심으로 바란다.

그림 3-27　프로세싱에서 GUI 데이터 표시

 요약

원격 노드에 연결된 부저에 키보드 문자 입력으로 통하여 소리내는 실습을 소개하였다. 엑스비 통신을 위한 하드웨어 구성 방법부터 X-CTU 터미널 프로그램을 이용하여 문자 데이터를 전송하는 방법과 프로세싱 프로그램을 활용하여 문자 데이터를 전송하는 방법까지 실습을 통하여 설명하였다.

여러분은 이제 단순한 아두이노 통합개발프로그램(IDE) 또는 X-CTU 프로그램을 이용하지 않고도 한 차원 더 높은 응용들을 실현할 수 있는 기술들을 익히고 있는 중이다. 조금은 낮설게 느껴지고 어렵더라도 포기하지 말고 프로세싱 프로그램의 응용에 대하여 관심을 가져주기를 진심으로 요청한다.

 추가 프로젝트

1. '작은 별'과 같은 간단한 멜로디를 원격 노드의 부저를 이용하여 연주하여 보자. 만약 멜로디 음과 음 사이의 쉬는 시간과 각각의 음의 연주 길이들을 별도로 더 지정하여 사용할 수 있다면 더 다양하고 정교한 멜로디를 연주하는 것도 가능할까? 직접 시도해보자.

2. 키보드 문자를 입력데이터로 사용하지 않고, 마우스 움직임으로 부저음을 연주한다면 어느 정도까지 멜로디를 표현할 수 있을까 고민해보자. 그리고 최대한 정교한 멜로디를 표현해보자.

아날로그 입력 값의 크기를 인위적으로 조절할 수 있는 부품 중 하나가 가변저항 또는 포텐셔미터(potentiometer)이다. 포텐셔미터는 3개의 단자로 구성되어 있는데, 양쪽 끝 두 개의 단자는 고정된 저항 값을 나타내고, 중간 단자와 양쪽 끝 단자 사이의 저항 값은 손잡이를 돌리는 방향에 따라 커지거나 작아지는 변동 저항 값을 나타낸다. 따라서 다양한 종류의 센서들로부터 출력되는 아날로그 값들을 아두이노의 아날로그 핀에 연결하는 실습을 공부하는 좋은 소재가 된다. 바꾸어 말하면 포텐셔미터의 사용법을 잘 익히면 아날로그 신호를 생성하는 대부분의 센서 부품들을 동일한 형태로 잘 다룰 수 있다.

이 절에서는 포텐셔미터로부터 다양한 크기의 전압 신호를 만들기 위하여 양쪽 끝 두 개의 단자에 5V 전압과 0V 접지 전압을 각각 연결하고, 중간 단자를 아두이노 아날로그 핀에 연결한다. 그리고 이렇게 입력되는 아날로그 신호를 엑스비 통신을 사용하여 PC로 전송하는 실습을 한다.

PC로 전송되는 아날로그 신호 값은 X-CTU 터미널에서 문자와 숫자로 표시될 수 있고, 프로세싱 프로그램을 사용하여 그래픽 출력 형태로 표시될 수도 있다.

소요 부품 목록

- 프라이비 화이트 1개(또는 아두이노 우노 및 엑스비 쉴드 각 1개)
- 엑스비 USB어댑터 1개   • 엑스비(S1) 2개
- USB A-B 케이블 1개   • 브래드보드, 포텐셔미터(10KΩ) 각 1개 및 점퍼선
- AA배터리 홀더 전원 1개   • 실습용 컴퓨터(PC) 1대

실습 순서 및 방법

(1) 포텐셔미터를 프라이비에 연결하기

포텐셔미터의 3개 단자를 프라이비에 연결하는 방법은 매우 간단하다. 양쪽 끝부분에 위치한 2개 단자를 프라이비의 5V 전원과 접지에 각각 연결하고, 포텐셔미터 중간에 위치한 한 개 단자를 프라이비 아날로그 핀에 연결한다. 포텐셔미터의 손잡이 놉을 돌리면

중간 단자-전원 단자 사이의 저항 값과 중간 단자-접지 단자 사이의 저항 값이 자동으로 변화하는 구조로 동작한다. 실습에서는 아날로그 핀 A0에 연결해보자.

그림 3-28　엑스비 통신을 위한 포텐셔미터 연결하기

(2) 스케치 업로드하기

여러분의 PC에 설치된 아두이노 프로그래밍 도구를 이용하여 다음의 스케치를 프라이비로 업로드한다. 업로드가 성공했다면 다음 단계로 넘어가도 좋다. 아래 스케치는 시리얼통신 데이터를 출력할 수 있는 코드 구성으로, 포텐셔미터 저항 변화에 따라 0~1023 사이의 아날로그 출력값을 감지하는 데 그 값을 출력 화면에 표시한다.

```
int potenMeter = 0;
int val = 0;
void setup(){
    Serial.begin(9600);
}
void loop(){
    val = analogRead(potenMeter);
    Serial.print("Potentiometer Output = ");
    Serial.println(val);
    delay(200);
}
```

(3) USB 시리얼통신 터미널에서 아날로그 입력값 표시하기

스케치가 성공적으로 업로드되었다면, 프로그램의 시리얼모니터 창을 열면 0~1023 사이의 값들이 표시된다. 포텐셔미터의 손잡이 놉을 돌려가면서 값들이 잘 변화하는지 살펴보자.

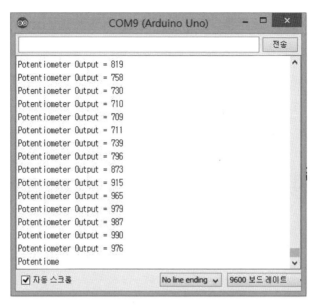

그림 3-29 **아두이노 시리얼모니터에 표시된 아날로그 출력**

(4) PC와 원격 노드에 각각 엑스비 연결하기

엑스비 어댑터에 엑스비를 연결하고 PC의 USB 포트에 연결한다. 그 다음 X-CTU 프로그램을 클릭하여 엑스비가 정상적으로 인식되고 있는지를 확인한다. 안테나가 정상적으로 인식된다면 터미널(Terminal) 탭을 눌러 터미널 창으로 이동한다.

그림 3-30 **엑스비 통신을 위한 실습 장면**

다음은 원격 노드에 엑스비를 연결하는 순서이다. 프라이비에 엑스비를 연결하고, AA 배터리 전원을 연결하면 된다. 동시에 프라이비의 딥스위치 방향을 엑스비 통신을 위한 방향으로 전환해야 한다.

프라이비 화이트 딥스위치 선택	
USB 시리얼 통신	엑스비 시리얼 통신
PC와 아두이노 데이터 통신을 **USB 케이블로 연결**하는 경우에 사용하는 딥스위치 방향	PC와 아두이노 데이터 통신을 **Xbee 안테나를 이용하여 무선으로 연결**하는 경우의 딥스위치 방향
	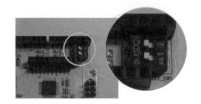

(5) 원격 노드의 아날로그 데이터를 PC에서 수신하기

지금까지의 실습이 순조롭게 진행되었다면, X-CTU 터미널에서 포텐셔미터 변화에 대한 아날로그 데이터를 표시한다. 포텐셔미터 손잡이 놉을 천천히 돌리면서 화면에 표시되는 값이 변화하는지 살펴보자.

그림 3-31 엑스비 통신 장면

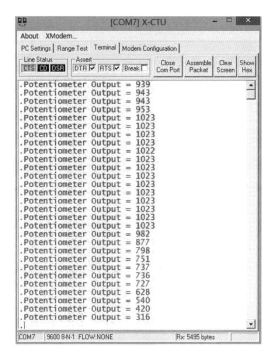

그림 3-32　**X-CTU 터미널 화면에 표시된 아날로그 출력**

엑스비 통신으로 아날로그 값들도 쉽게 전송할 수 있다. 이제 여러분은 다양한 목적을 달성하기 위하여 필요에 맞게 선택하기만 하면 된다.

 요약

원격 노드에 연결된 포텐셔미터를 사용하여 엑스비 통신으로 아날로그 값들도 쉽게 전송할 수 있는 실습을 시도해보았다. 다양한 센서 종류들 중에서 저항 값의 변화로 감지 값을 표현하는 저항이 매우 많기 때문에, 여러분은 포텐셔미터 실습을 참고하여 센서 응용에 사용할 수 있다.

🐦 추가 프로젝트

1. **X-CTU** 터미널에서는 포텐셔미터 저항 값의 변화를 아두이노 아날로그 값의 범위인 0~1023 사이의 값으로 표시한다. 아날로그 값의 범위를 1~255 사이로 바꿔 표시되도록 스케치를 수정해보자.

2. 포텐셔미터 저항 값은 아날로그 값으로 표현된다. **X-CTU** 화면에서 포텐셔미터의 아날로그 값을 '1' 또는 '0'의 디지털 값으로 바꿔 표시하려면 어떻게 해야하는지 생각해보자.

아날로그 값의 변화를 PC 화면에서 숫자로 표시하는 것이 아니라 그래픽 화면으로 처리
하는 것은 또 다른 재미가 있다. 지금까지의 실습처럼 프로세싱을 사용하여 아날로그 신
호를 그래픽으로 처리하는 실습에 대하여 배워보자.

이 절에서 소개하는 실습은 X-CTU로 표현하던 포텐셔미터 값들을 프로세싱 프로그
램을 사용하여 GUI 형태로 표현한다.

소요 부품 목록

- 프라이비 화이트 1개 (또는 아두이노 우노 및 엑스비 쉴드 각 1개)
- 엑스비 USB어댑터 1개
- 엑스비(S1) 2개
- USB A-B 케이블 1개
- 브래드보드, 포텐셔미터(10KΩ) 각 1개 및 점퍼선
- AA배터리 홀더 전원 1개
- 실습용 컴퓨터(PC) 1대

실습 순서 및 방법

(1) 포텐셔미터를 프라이비에 연결하기

포텐셔미터의 3개 단자를 프라이비에 연결하는 방법은 매우 간단하다. 양쪽 끝부분에 위
치한 2개 단자를 프라이비의 5V 전원과 접지에 각각 연결하고, 포텐셔미터 중간에 있는
한 개 단자를 프라이비 아날로그 핀에 연결한다. 포텐셔미터의 손잡이 놉을 돌리면 중간
단자-전원 단자 사이의 저항 값과 중간 단자-접지 단자 사이의 저항 값이 자동으로 변화
하는 구조로 동작한다. 실습에서는 아날로그 핀 A0에 연결해보자.

(2) 스케치 업로드하기

여러분의 PC에 설치된 아두이노 프로그래밍 도구를 이용하여 다음의 스케치를 프라이

비로 업로드한다. 업로드가 성공했다면 다음 단계로 넘어가도 좋다. 아래 스케치는 시리얼통신 데이터를 출력할 수 있는 코드 구성으로, 포텐셔미터 저항 변화에 따라 0~1023 사이의 아날로그 출력값을 감지하는 데 그 값을 출력 화면에 표시한다.

```
int potenMeter = 0;
int val = 0;
void setup(){
    Serial.begin(9600);
}
void loop(){
    val = analogRead(potenMeter);
    Serial.println(val);
    delay(200);
}
```

(3) USB 시리얼통신 터미널에서 아날로그 입력 값 표시하기

스케치가 성공적으로 업로드되었다면, 프로그램의 시리얼모니터 창을 열면 0~1023 사이의 값들이 표시된다. 포텐셔미터의 손잡이를 돌려가면서 값들이 잘 변화하는지 살펴보자.

(4) PC와 원격 노드에 각각 엑스비 연결하기

엑스비 어댑터에 엑스비를 연결하고 PC의 USB 포트에 연결한다. 그 다음 X-CTU 프로그램을 클릭하여 엑스비가 정상적으로 인식되고 있는지를 확인한다. 안테나가 정상적으로 인식된다면 터미널(Terminal) 탭을 눌러 터미널 창으로 이동한다.

그림 3-33 **엑스비 통신을 위한 실습 장면**

다음은 원격 노드에 엑스비를 연결하는 순서이다. 프라이비에 엑스비를 연결하고, AA 배터리 전원을 연결하면 된다. 동시에 프라이비의 딥스위치 방향을 엑스비 통신을 위한 방향으로 전환해야 한다.

프라이비 화이트 딥스위치 선택	
USB 시리얼 통신	**엑스비 시리얼 통신**
PC와 아두이노 데이터 통신을 **USB 케이블로 연결**하는 경우에 사용하는 딥스위치 방향	PC와 아두이노 데이터 통신을 **Xbee 안테나를 이용하여 무선으로 연결**하는 경우의 딥스위치 방향

(5) 프로세싱 프로그램으로 GUI 화면 만들기

하드웨어 구성이 완료되었다면, X-CTU 터미널이 아닌 프로세싱 프로그램을 열고 GUI 화면을 만들어보자. 프로세싱 새 문서에 다음 코드들을 입력해보자.

```
import processing.serial.*;
Serial myPort;
void setup(){
    size(200,200);
    myPort = new Serial(this, Serial.list()[0], 9600);
}
void draw(){
    String val;
    if (myPort.available()>0){
        val = myPort.readStringUntil('\n');
        if (val != null) {
            int b = int (val.trim());
            println(b);
            float dat = map(b, 0, 1023, 0, 255);
            fill(dat);
        }
        rect(50,50,100,100);
```

```
    }
}
```

프로세싱 프로그램의 ▶ 표시 실행(RUN) 버튼을 누르면 아래 그림과 같이 동작한다. 프라이비에 연결된 포텐셔미터의 손잡이를 천천히 돌려보자. 여러분의 프로세싱 GUI 화면에서는 흰색과 검은색 사이의 밝기 변화로 표시된다.

이제 위의 프로세싱 코드 일부를 다음과 같이 수정하여 프로세싱을 다시 실행시켜보자.

(수정 전) fill(dat);

(수정 후) fill(**dat, (dat+96)%255, (dat+192)%255**);

프로그램 수정 후의 프로세싱 GUI 화면 색상의 변화를 경험한다. 이제 R/G/B 값들을 다양하게 바꿔가면서 다양한 색상 표현을 해보도록 하자. 여러분이 GUI 화면을 직접 만들고 변형하는 작업은 지금의 실습처럼 생각보다는 복잡하지 않다.

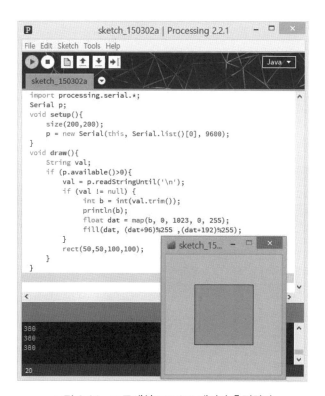

그림 3-34 **프로세싱으로 GUI 데이터 출력하기**

원격 노드에 연결된 포텐셔미터의 아날로그 신호 값들을 PC에서 GUI 그래픽 화면으로 표현하는 방법을 실습하였다. 아날로그 변화 값들을 단순히 숫자로 표시하는 것이 아니라 흰색과 검은색 사이의 밝기 변화 또는 특정한 색상 변화로 표시할 수 있었다. 이런 표시 방법은 멀리 떨어진 장소에서 숫자는 시력에 따라 읽기 어려울 수 있지만, 색상 변화 또는 밝기 변화로 표시하는 방법에 의해 아날로그 값에 대한 정보를 더 쉽고 빠르게 전달하는 수단이 될 수 있다.

여러분은 이제 다양한 종류의 아날로그 센서가 연결된 상황에서, 숫자 표시에만 의존하지 않고 GUI 화면 형태의 시각적 정보 표시를 유용하게 활용하는 것에 관심을 가지기 바란다.

추가 프로젝트

1. 아날로그 신호 값의 변화에 따라 프로세싱에서 색상/밝기 변화 이외에 도형의 크기 변화와 같은 또 다른 표현 방법을 만들어볼 수 있을까?

2. 아날로그 신호 값의 변화에 따라 프로세싱에서 표시하는 도형을 다양하게 만들어보고, 그 도형의 위치를 다르게 나타내보자. 가령 낮은 아날로그 값은 화면의 아래쪽에 도형이 위치하고, 높은 아날로그 값은 화면의 위쪽에 위치하도록 프로그램을 만들어 보자.

3.9 원격 노드의 IR 포토-트랜지스터 센서 값을 PC로 전송

주변 빛의 밝기를 감지하는 센서를 광센서라고 부른다. 빛 신호는 물리적인 접촉을 통하지 않고 감지할 수 있는 특징이 있어서 종종 비접촉 센서라고도 불린다. 광센서는 다양한 종류들이 있지만, 이 절에서는 범용의 CDS광센서가 아닌 적외선 포토-트랜지스터 (Photo-Transistor)를 이용한 실습을 소개한다.

적외선 포토-트랜지스터 센서는 사람의 눈에 보이지 않는 빛 또는 가시광선 영역을 벗어난 빛을 감지하는 특징을 갖는 부품이다. 당장 눈으로 식별되는 밝고 어두운 빛의 차이가 아니라 눈으로는 식별되지 않는 적외선 불빛을 사용하여 무엇인가를 감지하는 데 매우 유용한 부품이다. 특히, 포토-트랜지스터는 세 개의 단자(C, B, E) 중 두 개의 단자 (C, E)를 통해 흐르는 전류량을 조절하는 밸브 역할을 나머지 한 개 단자(B)로 유입되는 적외선 빛의 양으로 대체할 수 있다. 따라서 포토-트랜지스터를 활용하면 외부 빛의 적외선 양에 따라 광선의 밝기를 감지하는 효과를 얻을 수 있다.

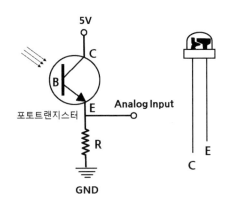

그림 3-35 **포토-트랜지스터 구조 및 심볼**

포토-트랜지스터를 광센서 회로에 사용하는 방법은 핀 길이가 긴 쪽(컬렉터: C)을 양극(+)으로 핀 길이가 짧은 쪽(에미터: E)을 음극(−)으로 연결해야 한다. 생긴 겉모양은 LED와 닮은 면이 있고 사용방법도 닮았지만, 동작원리는 전혀 다른 부품이다.

실습에 사용되는 포토-트랜지스터는 유입되는 850nm 파장의 적외선 빛에 가장 민감하게 반응하고 450nm 정도의 파장까지 반응한다. 이 센서에 유입되는 적외선 빛의 양에 비례하여 아날로그 전류 신호가 변화하고, 그 전류 변화를 다시 전압 변화로 변환하면, 쉽게 적외선 빛의 양을 숫자로 변환할 수 있다.

주변의 할로겐등, 백열등, 형광등 그리고 태양광 등의 빛에는 적외선 빛이 포함되어 있어서 빛의 양의 차이를 감지하는 데 유용하게 사용할 수 있다. 그렇지만, 빛의 종류가 바뀌면 적외선의 파장이나 양이 차이가 있어서 실습의 일관성을 찾기 어려울 수도 있다. 특별히 서로 다른 광원에 대한 실습을 진행하는 경우가 아니라면 하나의 실습을 진행하는 데 사용되는 빛은 한 가지 종류로 선택하여 일정한 조건을 유지하는 것이 좋다.

이 절에서는 포토-트랜지스터를 사용하여 적외선 광의 세기를 전압으로 변환하는 실습을 한다. 전자회로 저항의 크기에 따라 광 감지 특성의 차이를 살펴보거나, 커패시터를 이용하여 광 감도를 더 크게 넓히는 방법에 대하여 실습을 한다.

소요 부품 목록

- 프라이비 화이트 1개 (또는 아두이노 우노 및 엑스비 쉴드 각 1개)
- 엑스비 USB어댑터 1개
- 엑스비(S1) 2개

- USB A-B 케이블 1개
- 포토-트랜지스터 및 2KΩ 저항 각 2개 및 점퍼선
- AA배터리 홀더 전원 1개
- 브래드보드 1개
- 0.1 μF 커패시터 2개
- 실습용 컴퓨터(PC) 1대

아날로그 입력핀을 사용하는 방법

실습 순서 및 방법

(1) 광센서 회로 구성하기

포토 트랜지스터의 컬렉터(C)를 양극(+)으로 하여 5V 전원에 연결하고, 에미터(E) 음극 (−)을 직렬로 2KΩ 저항과 연결하고 저항의 나머지 한쪽을 접지(GND)에 연결한다. 광센서 신호를 0~5V 사이의 전압으로 얻기 위하여 저항과 포토 트랜지스터가 만나는 중간점에 점퍼선을 연결하여 아날로그 핀(A0)에 연결한다.

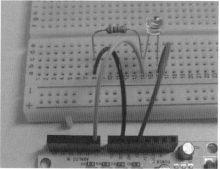

그림 3-36 엑스비 통신을 위하여 포토-트랜지스터 연결하기

(2) 스케치 업로드하기

현재 사용 중인 보드에 아두이노 프로그래밍 도구를 사용하여 다음의 스케치를 업로드한다. 업로드를 성공했다면 시리얼 모니터 창을 열고 빛에 반응하는 센서 데이터를 나타내고 있는지 살펴보자.

만약 여러분이 개인적으로 추가할 수 있는 광원을 가지고 있다면 센서 방향으로 비추어 봐도 좋다. 별도의 광원을 가지고 있지 않더라도 센서 주위로 전달되는 빛을 손으로 조금 가리거나, 감싸쥐는 방법으로 빛의 양에 변화를 줄 수 있다. 여러분의 센서가 표시

하는 데이터에 변화가 느껴지는가?

```
void setup() {
    Serial.begin(9600);
}
void loop() {
    Serial.print("analog value = ");
    Serial.println(analogRead(A0));
    delay(200);
}
```

(3) USB 시리얼 통신으로 광센서 감지값 표시하기

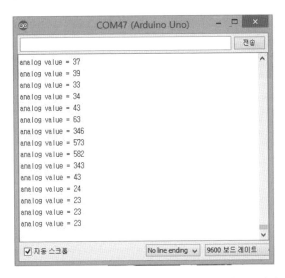

그림 3-37 아두이노 시리얼모니터에 표시된 아날로그 데이터

그림 3-37의 시리얼모니터 결과 화면은 방 안 조명 밝기에 조그만 손전등을 센서 주위에 더 비추었을 때의 결과이다. 광센서가 방 안 조명 조건에서 20~50 정도 값을 표시하였는데, 센서 방향으로 조그만 손전등을 켜서 비추었을 때 그 값이 10배 정도 크게 나타나는 것을 살펴볼 수 있다.

만약 주변의 빛의 밝기가 너무 밝아서 손전등의 빛의 차이를 느끼기 어려우면 실습에 사용한 2KΩ 저항보다 작은 크기의 1KΩ, 470Ω 저항 등으로 낮춰가면서 각자의 실습환경에 적합한 저항으로 변경하는 것이 좋다.

(4) PC와 원격 노드에 각각 엑스비 연결하기

엑스비 어댑터에 엑스비를 연결하고 PC의 USB 포트에 연결한다. 그 다음 X-CTU 프로그램을 클릭하여 엑스비가 정상적으로 인식되고 있는지를 확인한다. 안테나가 정상적으로 인식된다면 터미널(Terminal) 탭을 눌러 터미널 창으로 이동한다.

그림 3-38 **엑스비 통신을 위한 실습장면**

다음은 원격 노드에 엑스비를 연결하는 순서이다. 프라이비에 엑스비를 연결하고, AA 배터리 전원을 연결하면 된다. 동시에 프라이비의 딥스위치 방향을 엑스비 통신을 위한 방향으로 전환해야 한다.

프라이비 화이트 딥스위치 선택	
USB 시리얼 통신	**엑스비 시리얼 통신**
PC와 아두이노 데이터 통신을 **USB 케이블로 연결**하는 경우에 사용하는 딥스위치 방향	PC와 아두이노 데이터 통신을 **Xbee 안테나를 이용하여 무선으로 연결**하는 경우의 딥스위치 방향

(5) 원격 노드에 연결된 광센서 값 X–CTU 화면에 표시하기

X-CTU 화면에 별다른 작업을 않았더라도 지금까지 작업이 정상적으로 진행되었다면, 터미널 화면에서는 광센서 값들이 표시되고 있다. USB 시리얼 통신에서 살펴보았던 데이터 값들이 X-CTU 터미널에서도 표시된다.

그림 3-39는 방 안 조명 상태에서의 감지 값과 조그만 손전등을 센서 주위에 비추었을 때의 감지 값 차이가 약 10배 정도 되는 데이터를 보여주고 있다.

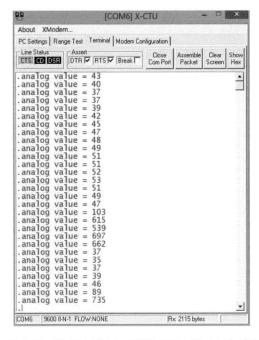

그림 3-39 **X-CTU 화면에 표시된 포토-트랜지스터 데이터**

그림 3-40 **엑스비 통신을 위한 실습 장면**

디지털 입력핀을 사용하는 방법

지금까지 아날로그 핀을 사용한 측정 방법과는 다르게 디지털 입력핀을 사용하는 방법은, RC 시정수 값을 이용하여 광감도를 측정하는 방법으로 훨씬 민감한 빛의 변화를 감지할 수 있다.

저항 값의 변화 또는 저항 값의 변화에 따른 전압 값의 변화에 대한 감도를 더 높이는 방법으로 종종 응용하여 사용할 수 있다. 이러한 측정법은 Parallax사에서 공개한 배포 자료들을 통하여 더 자세하게 살펴볼 수 있으며, 프라이봇 홈페이지 (http://www.fribot.com) 자료실에서도 찾아볼 수 있다.

실습 순서 및 방법

(1) 광센서 회로 구성하기

포토-트랜지스터에 비치는 빛의 양에 따라 변화하는 전류량을 전압으로 변환하여 빛을 감지하지 않고, 전류의 변화에 따라 변화하는 RC time 시정수 값을 읽어서 빛의 세기를 감지한다.

포토-트랜지스터의 컬렉터(C)를 양극(+)으로 하여 디지털 핀 8번에 연결하고, 에미터(E) 음극(−)을 직렬로 2KΩ 저항과 연결한 후 접지에 연결한다. 그리고 RC 시정수 값을 얻기 위하여 포토-트랜지스터 C-E 양단에 0.1μF 커패시터를 병렬로 연결한다. 실습에 사용된 커패시터 숫자 표시 104는 0.1μF 크기를 표시한다.

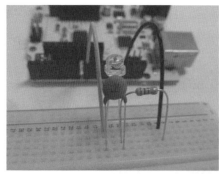

그림 3-41 **포토-트랜지스터에 커패시터 연결하기**

(2) 스케치 업로드하기

현재 사용 중인 보드에 아두이노 프로그래밍 도구를 사용하여 다음의 스케치를 업로드한다. 업로드가 성공했다면 시리얼 모니터 창을 열고 빛에 반응하는 센서 데이터를 나타내고 있는지 살펴보자.

만약 여러분이 개인적으로 추가할 수 있는 광원을 가지고 있다면 센서 방향으로 비춰봐도 좋다. 별도의 광원을 가지고 있지 않더라도 센서 주위로 전달되는 빛을 손으로 조금 가리거나, 감싸쥐는 방법으로 빛의 양에 변화를 줄 수 있다. 여러분의 센서가 표시하는 데이터에 변화가 느껴지는가?

```
void setup() {
    Serial.begin(9600);
}

void loop() {
    long photoSen = rcTime(8);

    Serial.print("PhotoValue = ");
    Serial.print(photoSen);
    Serial.println(" us");
    delay(200);
}

long rcTime(int pin) {
    pinMode(pin, OUTPUT);
    digitalWrite(pin, HIGH);
    delay(1);
    pinMode(pin, INPUT);
    digitalWrite(pin, LOW);
    long time = micros();
    while(digitalRead(pin));
        time = micros() - time;
    return time;
}
```

(3) USB 시리얼 통신으로 광센서 감지 값 표시하기

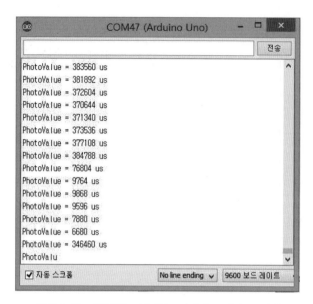

그림 3-42   아두이노 시리얼모니터에 표시된 RC시간

그림 3-42의 시리얼모니터 화면은 방 안 조명 밝기에 조그만 손전등을 센서 주위에 더 비추었을 때의 결과이다. 광센서가 방 안 조명 조건에서 30만us 이상 값을 표시하였는데, 센서 방향으로 조그만 손전등을 켜서 비추었을 때 그 값이 1/10~1/100 정도로 크게 작아지는 것을 살펴볼 수 있다.

만약 주변의 빛의 밝기가 너무 밝아서 손전등의 빛의 차이를 느끼기 어려우면 실습에 사용한 2KΩ 저항보다 작은 크기의 1KΩ, 470Ω 저항 등으로 낮춰가면서 각자의 실습환경에 적합한 저항 크기로 변경하는 것이 좋다.

(4) PC와 원격 노드에 각각 엑스비 연결하기

엑스비 어댑터에 엑스비를 연결하고 PC의 USB 포트에 연결한다. 그 다음 X-CTU 프로그램을 클릭하여 엑스비가 정상적으로 인식되고 있는지를 확인한다. 안테나가 정상적으로 인식된다면 터미널(Terminal) 탭을 눌러 터미널 창으로 이동한다.

그림 3-43 엑스비 통신을 위한 실습 장면

다음은 원격 노드에 엑스비를 연결하는 순서이다. 프라이비에 엑스비를 연결하고, AA 배터리 전원을 연결하면 된다. 동시에 프라이비의 딥스위치 방향을 엑스비 통신을 위한 방향으로 전환해야 한다.

프라이비 화이트 딥스위치 선택	
USB 시리얼 통신	**엑스비 시리얼 통신**
PC와 아두이노 데이터 통신을 **USB 케이블로 연결**하는 경우에 사용하는 딥스위치 방향	PC와 아두이노 데이터 통신을 **Xbee 안테나를 이용하여 무선으로 연결**하는 경우의 딥스위치 방향

(5) 원격 노드에 연결된 광센서 값 X-CTU 화면에 표시하기

X-CTU 화면에 별다른 작업을 않았더라도 지금까지 작업이 정상적으로 진행되었다면, 터미널 화면에서는 광센서 값들이 표시되고 있다. USB 시리얼 통신에서 살펴보았던 데이터 값들이 X-CTU 터미널에서도 표시된다.

그림 3-44 역시 방안 조명상태에서의 감지값과 조그만 손전등을 센서 주위에 비추었을 때의 감지값은 약 1/10~1/100 범위의 데이터를 보여주고 있다.

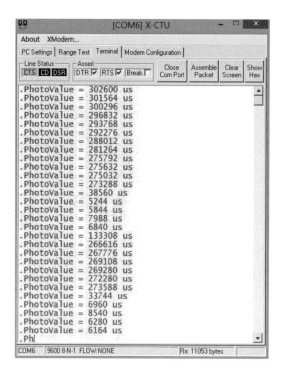

그림 3-44   X-CTU 화면에 표시된 시정수(RCtime) 데이터

그림 3-45   엑스비 통신을 위한 실습장면

 요약

포토-트랜지스터를 아날로그 핀에 연결하여 빛의 세기를 무선으로 수집할 수 있었으며, 포토-트랜
지스터에 커패시터를 병렬로 연결하여 RC 시정수를 측정하는 방법으로 더 민감한 감지 값을 측
정할 수 있었다. 포토-트랜지스터에 비치는 빛의 양에 따라 포토-트랜지스터를 컬렉터(C)에서 에미
터(E)로 흐르는 전류의 양에 대한 변화가 발생하므로, 앞에서 소개한 두 가지 측정 방법들 중에서

측정의 편의성과 측정값의 감도에 대한 비중을 비교하여 측정방법을 선택하면 된다.

RC 시정수 변화에 대한 측정 방법은 포토-트랜지스터에만 적용되는 것이 아니라, 비교적 작은 전압 값의 변화 또는 저항 값의 변화에 대한 감도를 더 크게 변경하고자 할 때 유용하게 활용될 수 있다. 앞으로 유익한 활용이 있기를 바란다.

 추가 프로젝트

1. 포토-트랜지스터로 유입되는 빛의 방향을 제한하기 위하여 포토-트랜지스터 크기의 빨대 혹은 종이를 말아서 세워보자. 빛은 관을 따라서 전달되는 특징이 있으므로, 주변 환경의 빛의 밝기 변화와는 무관하게 관의 끝부분에서의 빛의 밝기 변화에 민감하게 반응한다.
   광섬유 전달과 같은 특수한 환경조건에서의 빛의 밝기를 감지하는 실습을 시도해보자.

2. 실습에서 사용한 저항의 크기를 바꿔가면서 측정 값의 감도 변화를 연관지어 설명해보자.

3.10 원격 노드의 NTC 온도센서 값을 PC로 전송

아날로그 신호를 출력하는 다양한 센서 중에 온도센서를 상상할 수 있다. 가장 일반적인 필요를 충족시키는 부품이기도 하지만, 사실 온도센서의 종류를 일일이 열거하자면 책 한권으로도 부족하다. 다양한 온도센서 종류들 중에서 상온 범위와 저항형 온도센서인 NTC 온도센서를 사용하여 공기 중의 온도를 측정하는 방법을 실습하는 것으로 다양한 온도 범위의 센서들을 사용하는 기초 방법을 익히려고 한다. 그럼에도 불구하고 종종 동일한 용도의 온도를 측정하기 위하여 본 실습만으로는 부족함을 느낄 수 있지만, 지면 부족과 실습 범위의 한정으로 인하여 모든 경우들을 포괄하지 못하는 점을 아쉽게 생각한다.

이 절에서는 $10K\Omega$ 저항 크기의 NTC 온도센서로 전압 출력 형태의 회로를 구성하여 아두이노의 입력 신호로 사용하는 방법을 실습한다. 아날로그 입력 신호를 다시 엑스비 통신으로 PC 전송하고, PC에서는 X-CTU 터미널에서 문자와 숫자로 표시하는 방법을 익히거나, 프로세싱 프로그램을 사용하여 그래픽 출력 형태로 표시한다.

더 나아가 아날로그 센서 입력 신호를 PC 출력화면에서는 디지털로 변환하여 표시하는 방법에 대해서도 실습한다.

소요 부품 목록

- 프라이비 화이트 1개 (또는 아두이노 우노 및 엑스비 쉴드 각 1개)
- 엑스비 USB어댑터 1개
- 엑스비(S1) 2개
- USB A-B 케이블 1개
- 브래드보드 1개
- NTC 온도센서 1개
- 10KΩ 저항 1개
- 점퍼선
- AA배터리 홀더 전원 1개
- 실습용 컴퓨터(PC) 1대

실습 순서 및 방법

(1) NTC 온도센서 프라이비에 연결하기

아날로그 입력 신호 종류 중 대표적인 하나의 센서가 온도센서이다. 실습에 사용할 NTC 온도센서의 출력은 저항 변화로 나타난다. 간단히 설명하면, 온도 변화에 따라 온도센서 양단자 사이의 저항 값이 변화하는 원리이다. 본 실습에서는 저항 값의 변화에 따라 신호전압이 변화하는 가장 간단한 전자회로를 구성하고, 그 신호 값을 프라이비 아날로그 입력 신호로 사용한다.

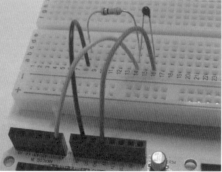

그림 3-46 엑스비 통신을 위하여 NTC 온도센서 연결하기

(2) 스케치 업로드하기

다음의 스케치를 프라이비에 업로드한다. 업로드가 성공하면 다음 단계로 넘어가도 좋다. 아래 스케치는 온도센서의 저항 값 변화에 따라 0~5V 사이의 전압으로 입력되는 값을 섭씨 온도로 변환하는 프로그램이다. 물론 섭씨 온도를 화씨 온도로 다시 변환할 수도 있다.

```
#include <math.h>
void setup(){
    Serial.begin(9600);
}
void loop(){
    printTemp();
    delay(1000);
}
double Thermister(int RawADC) {
    double Temp;
    Temp = log((((10240000/RawADC) - 10000)));
    Temp = 1/(0.001129148+(0.000234125*Temp)+
            (0.0000000876741*Temp*Temp*Temp));
    Temp = Temp - 273.15;
    return Temp;
}
void printTemp() {
    double temp = Thermister(analogRead(0));
    Serial.print("Temperature is : ");
    Serial.print(temp);
    Serial.println(" C");
}
```

(3) USB 시리얼 통신 터미널에서 아날로그 값 표시하기

스케치가 성공적으로 업로드되었다면, 프로그램의 시리얼모니터 창을 열면 온도센서에서 측정한 값이 환산되어 표시된다. 만약 헤어드라이기를 가지고 있다면 온도센서 주변의 온도를 변화시켜보자! 온도 변화가 실시간으로 잘 변하고 있는가?

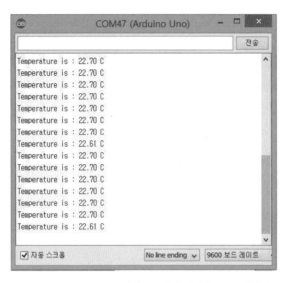

그림 3-47　아두이노 시리얼모니터에서 온도 표시하기

(4) PC와 원격 노드에 각각 엑스비 연결하기

엑스비 어댑터에 엑스비를 연결하고 PC의 USB 포트에 연결한다. 그 다음 X-CTU 프로그램을 클릭하여 엑스비가 정상적으로 인식되고 있는지를 확인한다. 안테나가 정상적으로 인식된다면 터미널(Terminal) 탭을 눌러 터미널 창으로 이동한다.

그림 3-48　엑스비 통신을 위한 실습장면

다음은 원격 노드에 엑스비를 연결하는 순서이다. 프라이비에 엑스비를 연결하고, AA 배터리 전원을 연결하면 된다. 동시에 프라이비의 딥스위치 방향을 엑스비 통신을 위한 방향으로 전환해야 한다.

프라이비 화이트 딥스위치 선택	
USB 시리얼 통신	**엑스비 시리얼 통신**
PC와 아두이노 데이터 통신을 **USB 케이블로 연결**하는 경우에 사용하는 딥스위치 방향	PC와 아두이노 데이터 통신을 **Xbee 안테나를 이용하여 무선으로 연결**하는 경우의 딥스위치 방향

(5) PC에서 원격 노드 온도센서 값 수신하기

지금까지 작업이 정상적으로 진행되었다면, X-CTU 터미널 화면에서는 광센서 값들이 표시되고 있다. USB 시리얼 통신에서 살펴보았던 데이터 값들이 X-CTU 터미널에서도 표시된다. 아래 그림 3-49의 데이터는 실내온도를 측정한 결과이다. 이제 엑스비 통신이 허용되는 거리 이내에서 온도센서의 위치를 움직이면서 온도를 측정하는 것이 가능하다.

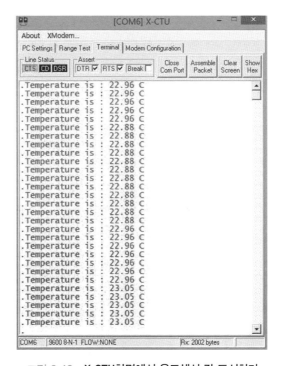

그림 3-49 **X-CTU화면에서 온도센서 값 표시하기**

엑스비 통신은 하나의 노드 이외에 수많은 노드를 추가할 수 있는 특징이 있다. 넓은 공간 내에 수많은 온도센서를 설치하고 위치별 온도를 측정하여 실내 온도의 흐름과 분포를 직접 관측할 수도 있다. 여러분의 상상력을 더 넓혀보기를 권한다!

그림 3-50   엑스비 통신을 위한 실습 장면

 요약

NTC 온도센서를 사용하여 대기온도를 측정하는 방법을 살펴보았다. 이 세상에는 다양한 온도센서 종류들이 있기 때문에 또 다른 온도센서로 응용하는 방법에 대해서도 관심을 가지기를 바란다. 기체 이외에 액체의 온도를 측정하는 센서도 있고, 비접촉 방식으로 온도를 측정할 수도 있다. 다양한 온도센서의 존재를 살펴보고 응용해보자!

추가 프로젝트

1. 온도센서에 공급되는 공기의 흐름을 관을 통하여 흐르도록 고안한다면, 온도센서의 또 다른 응용에 대하여 생각해 볼 수 있다. 실습에 사용한 온도 측정 방법을 유용하게 사용할 수 있는 용도에 대하여 토론해 보자.

2. 온도센서가 측정하는 온도 값을 사용하여 만들 수 있는 자동장치를 각자 하나 이상씩 만들어 보자! 여러 명의 학생들이 함께 실습하는 중이라면 각자의 온도 측정 값을 함께 활용하여 더 가치 있는 온도 측정 데이터를 얻을 수 있는지 토론해 보자.

CHAPTER

노드 간 통신 실습

이 장은 가장 간단한 형태의 센서 노드 부품 구성과 사용법에 관한 것이다. 제3장에서 소개한 노드 구성보다 간단하지만 조금 더 사용법이 복잡한 편이다. 엑스비 통신의 장점인 경제적, 전력소모 측면을 활용하려면 엑스비만으로 노드를 구성할 필요가 있으며, 두 개의 시리얼 통신을 하나의 마이컴에서 연결하는 방법에 대해서도 간단히 소개한다.

엑스비 통신 노드를 구성하는 방법은 두 가지가 있다. 마이컴-엑스비를 서로 연결하여 노드를 구성하는 방법과 엑스비만으로 노드를 구성하는 방법이라고 할 수 있다. 예를 들면 마이컴-엑스비 노드들만으로 망을 구성할 수 있고, 엑스비 노드들만으로 망을 구성할 수도 있다. 물론 두 가지 종류의 통신 노드를 조합하여 구성하는 것도 가능하다.

이 장에서는 엑스비 통신에서 코디네이터로 불리어지는 원격 노드 또는 단말장치(end device)로 불리어지는 센서 노드를 가장 간단하게 구성하는 방법에 대하여 실습한다.

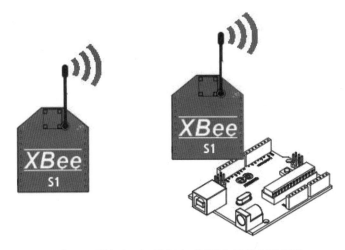

그림 4-1 **엑스비 또는 엑스비-마이컴 노드의 구성 방법**

엑스비는 자체적으로 CPU 기능과 메모리 기능을 포함하고 몇 개의 입출력 핀을 가지고 있어서 별도의 마이컴을 더 추가하지 않고도 노드를 구성하는 것이 가능하다. 아두이노 사용법에 익숙하지 않은 분에게는 조금 어렵게 생각될 수도 있지만, 엑스비에서 별도의 프로그래밍 작업을 추가하여 좀 더 다양한 신호처리 작업을 수행할 수도 있다. 그렇지만, 이 책에서는 엑스비 내부의 프로그래밍 방법에 관해서는 생략한다.

여러분은 엑스비의 Tx/Rx 시리얼 통신 핀 이외에 함께 내장된 입력/출력(I/O)핀들을 직접 연결하여 노드를 구성하는 방법들을 익히면서 생소함을 극복해보자.

디지털 데이터 송신부/수신부 만들기

엑스비만으로 수신부와 송신부를 각각 만들어 보자. 수신부는 LED를 엑스비에 직접 연결하여 구성하고, 송신부는 푸시 버튼을 엑스비에 연결하여 구성한다. 송수신 동작 테스트 실습은 송신부와 수신부를 각각 구성하여 함께 시도한다.

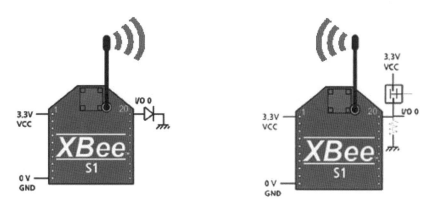

그림 4-2 엑스비 노드 디지털 통신

디지털 데이터를 처리할 송수신부의 실습 순서는 수신부를 먼저 설명하고, 이후 송신부를 설명한다.

엑스비 디지털 수신부 만들기

디지털 데이터를 수신하는 수신부의 가장 간단한 노드 구성 방법이 LED 출력 형태이다. 아래 구성품으로 엑스비와 LED를 간단하게 구성해보자.

소요 부품 목록

- 엑스비 USB어댑터 1개
- 엑스비 어댑터 1개
- 엑스비(S1) 2개
- 브래드보드 1개

- LED 1개 및 점퍼선
- AA배터리 홀더 전원 1개
- 실습용 컴퓨터(PC) 1대

실습 순서 및 방법

(1) 엑스비를 브래드보드에 연결

앞서 설명한 바와 같이 브래드보드의 핀 사이 간격과 엑스비 핀 사이 간격이 서로 다른 규격을 가지고 있어서 엑스비를 브래드보드에 직접 꽂을 수는 없다. 그래서 별도의 어댑터를 사용하여 어댑터에 엑스비를 연결하고, 다시 어댑터를 브래드보드에 연결하는 방법을 사용한다.

엑스비에 LED를 연결하는 것은 제1장 표 1-1에서 소개한 엑스비 핀 번호를 고려하여, 안테나에 공급할 3.3V 전원(VCC: 1번 핀)과 접지(GND: 10번 핀) 그리고 외부에서 수신된 데이터를 LED 출력으로 표시할 출력핀(IO0: 20번 핀)에 각각 연결한다.

엑스비 20번 핀은 AD0/DIO0로 표기되어 있어서 아날로그 데이터 그리고 디지털 입력/출력 데이터를 처리할 수 있다. 상세한 연결 방법은 아래 그림을 참고하여 보자.

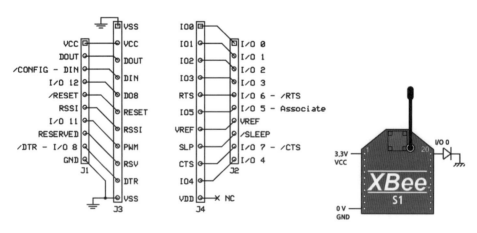

그림 4-3 엑스비 어댑터 핀 번호 및 엑스비 연결 회로

그림 4-4 엑스비 디지털 수신부

(2) 엑스비 설정 변경

엑스비를 단순히 Tx/Rx 시리얼 통신용으로만 사용하지 않고, 엑스비의 또 다른 핀들을 사용하여 신호를 처리하려면 반드시 내부 설정들을 변경하여야 한다. 지금부터 설명하는 설정 변경 방법은 엑스비의 디지털 출력(OUTPUT)핀 하나를 사용하기 위한 방법이다.

그림 4-5 PC에 연결된 엑스비

엑스비의 설정들을 변경하려면 엑스비 USB어댑터에 엑스비를 연결하고 PC의 USB 포트에 연결해야 한다. 다음으로 X-CTU 프로그램을 켜고, 엑스비가 정상적으로 인식되는지를 확인한 다음 modem configuration 탭을 눌러 설정들을 변경한다.

상세한 변경 방법들은 그림 4-6을 참고하면서 따라 해보자. 설정 화면에서 Always Update Firmware 체크박스를 체크하고, Read 버튼을 눌러 안테나의 현재 설정 값을 읽는다. LED가 연결된 현재의 노드는 송신 기능은 없이 수신 기능만 필요하므로 도착지 주소에 해당하는 DL 주소는 설정할 필요가 없다.

그림 4-6 (c)~(e)의 설정 값은 그림을 참고하여 변경한다. MY 주소를 '2'로 설정하였는데, 또 다른 값으로 선택해도 된다. 그리고 LED가 연결된 DO0 핀의 설정을 HIGH 값으로 변경하고, 그림 4-6(e) 화면의 set 버튼을 눌러 '1'을 입력하고 OK 버튼을 누르면 된다.

이제 원하는 용도로 안테나의 내부 설정 값이 변경되었으므로, 외부 전원을 차단하더라도 현재의 설정 값이 유지되도록 Write 버튼을 누른다. Write 버튼을 누르면 1~2분 동안 변경된 엑스비 설정 값을 저장하고 화면 아래에 "Write Parameter ..... Complete"라는 메시지가 나오는지 확인한다. 공장 모드 설정 값과 다르게 개인적인 필요에 의해 변경된 값들은 파란색으로 바뀌어 표시된다.

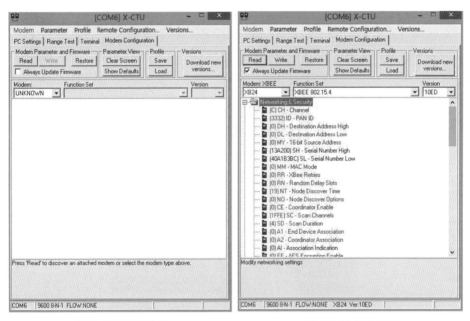

(a) X-CTU 모뎀화면   (b) 엑스비 설정 읽기

그림 4-6   X-CTU에서의 엑스비 설정 화면(계속)

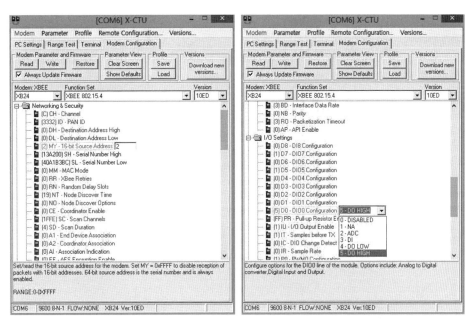

(c) MY 값 변경

(d) DO0 출력 설정

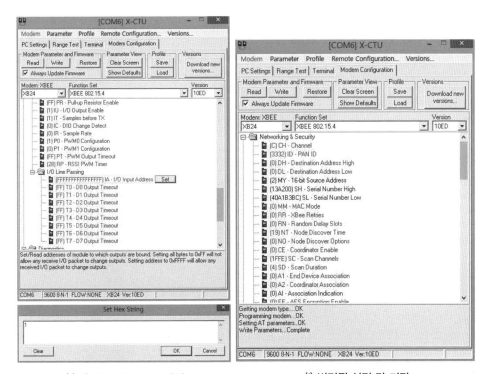

(e) I/O Line Passing 설정

(f) 변경된 설정 값 저장

그림 4-6   X-CTU에서의 엑스비 설정 화면

X-CTU 모뎀 화면의 Terminal 탭에서 설정 값을 변경하는 것과 동일한 효과를 AT 명령어로 시도할 수 있는데, 아래 명령어들을 사용하면 된다. X-CTU 터미널에서 다음 AT 명령어들을 사용하여 안테나의 설정을 변경하여 보자. +++를 입력하고 기다리면 OK가 나온다.

```
+++OK
ATRE <enter>
ATMY 2 <enter>
ATD0 5 <enter>
ATIA 1 <enter>
ATWR
```

(3) 엑스비 동작 테스트

이제 설정 변경된 엑스비를 엑스비 어댑터에 연결하고, 3.3V 배터리 전원을 공급하면 엑스비에 연결된 LED에 불이 켜진다. 외부 신호가 없는 경우 디폴트 조건에서 LED 불이 켜지도록 설정하였으므로 불이 켜진 상태가 정상이다.

그림 4-7　엑스비 수신부 LED 노드

엑스비 디지털 송신부 만들기

디지털 데이터를 송신하는 송신부 노드에는 푸시 버튼을 사용한다. 아래 구성품으로 엑스비와 푸시 버튼을 간단하게 연결하여 보자.

소요 부품 목록

- 엑스비 USB어댑터 1개
- 엑스비 어댑터 1개
- 엑스비(S1) 2개
- 브래드보드 1개
- 푸시 버튼 1개
- 10KΩ 저항 1개
- 점퍼선
- AA배터리 홀더 전원 1개
- 실습용 컴퓨터(PC) 1대

실습 순서 및 방법

(1) 엑스비를 브래드보드에 연결

송신부 역시 수신부 구성 방법과 동일하게 별도의 어댑터를 사용하여 어댑터에 엑스비를 연결하고, 다시 어댑터를 브래드보드에 연결하는 방법을 사용한다.

엑스비에 푸시버튼을 연결하는 방법은 제1장 표 1-1에서 소개한 엑스비 핀 번호를 고려하여, 안테나에 공급할 3.3V 전원(VCC: 1번 핀)과 접지(GND: 10번 핀) 그리고 푸시 버튼 ON/OFF 신호를 외부로 송신할 입력(IO0: 20번 핀)에 각각 연결하고 10KΩ 저항을 연결한다. 상세한 연결 방법은 다음 그림들을 참고하여 보자.

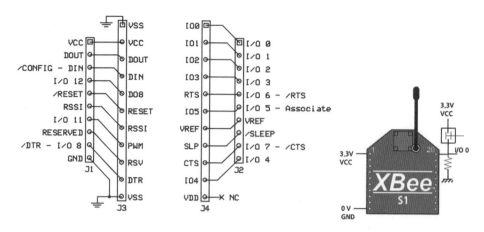

그림 4-8 엑스비 어댑터 핀번호 및 엑스비 연결 회로

그림 4-9 엑스비 송신부 푸시버튼 노드

(2) 엑스비 설정 변경

엑스비를 단순히 Tx/Rx 시리얼 통신용으로만 사용하지 않고, 엑스비의 또 다른 핀들을 사용하여 신호를 처리하려면 반드시 내부 설정들을 변경하여야 한다. 지금부터 설명하는 설정 변경 방법은 엑스비의 디지털 입력(INPUT)핀 하나를 사용하기 위한 방법이다.

그림 4-10 **PC에 연결된 엑스비**

엑스비의 설정들을 변경하려면 엑스비 USB어댑터에 엑스비를 연결하고 PC의 USB 포트에 연결해야 한다. 다음으로 X-CTU 프로그램을 켜고, 엑스비가 정상적으로 인식되는지를 확인한 다음 modem configuration 탭을 눌러 설정들을 변경한다.

상세한 변경 방법들은 아래 그림들을 참고하자. 먼저 송신부의 신호가 수신부에 전송되어야 하므로 도착지의 주소를 설정해야 한다. 이전의 LED 수신부 MY 주소가 '2'로 설정되었기 때문에 송신부의 DL 주소를 '2'로 설정하며, MY 주소는 '1'로 설정한다. 그리고 DO0 값을 3으로 변경하고, PR 값은 0이 되도록 설정한다. Sample Rate 값은 Hex 14로 변경하여 20ms가 되도록 한다.

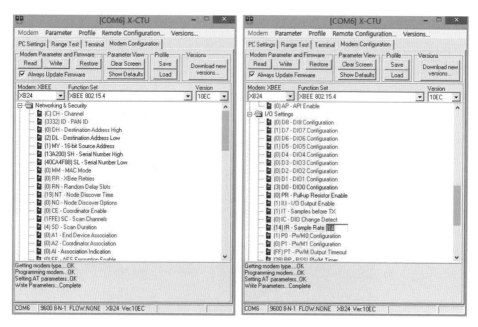

그림 4-11 **X-CTU에서의 엑스비 설정 화면**

이상의 변경된 설정들은 외부 전원을 차단하더라도 계속 유지되도록 하기 위하여 Write 버튼을 누른다. Write 버튼을 누르면 1~2분 동안 변경된 안테나 설정 값을 저장하고 화면 아래에 "Write Parameter ..... Complete"라는 메시지가 나오면 잘 수행되었다. 그리고 공장 모드 설정 값과 다르게 개인적인 필요에 의해 변경된 값들은 파란색으로 바뀌어 표시된다.

AT 명령으로 동일한 안테나 설정을 하려면 다음 명령어들을 순서대로 실행시켜보자.

```
+++OK
ATRE <enter>
ATDL 2 <enter>
ATMY 1 <enter>
ATD0 3 <enter>
ATPR 0 <enter>
ATIR 14 <enter>
ATWR
```

(3) 엑스비 동작 테스트

이제 송신부 설정이 완료된 엑스비를 엑스비 어댑터에 연결하고, 3.3V 배터리 전원을 공급한다. 그리고 앞서 구성한 수신부 엑스비 노드에도 3.3V 전원을 공급한다.

송신부의 푸시버튼의 동작 상태에 따라 수신부의 LED 불빛이 켜졌다 꺼지는 동작을 하면 정상적으로 동작한다.

그림 4-12 엑스비 디지털 송수신 테스트

 요약

엑스비만으로 통신 노드를 구성하고 동작시키는 방법에 대하여 살펴보았다. 엑스비의 **Tx/Rx** 통신 기능만 사용하는 것이 아니라, 엑스비 내부의 마이컴 기능과 지원 가능한 입출력 포트의 사용법 중 디지털 신호에 대한 사용법이라고 할 수 있다. 엑스비만의 사용법은 통신 노드의 가격이 절감되고, 노드 부피가 감소하는 효과가 있으며, 무엇보다 엑스비 노드의 전력 소모를 최소화하는 데 도움이 되는 방법이다. 하나의 노드에 직접 외부 전원을 공급하지 않고, 배터리 전원을 사용하는 경우라면 더욱 관심있게 살펴볼 내용이기도 하다.

여기서 소개된 엑스비의 사용법으로 더 많은 다양한 활용들을 할 수 있기를 바란다.

 추가 프로젝트

1. **LED**가 연결된 엑스비-[프라이 비] 노드와 푸시버튼이 연결된 엑스비 노드 간 통신을 시도해보자. 실행 방법에 있어서 어떤 점이 차이가 있을까? 그리고 반대의 구조로 시도해 보아도 좋다.

2. LED를 대신하여 220V 전등을 연결해서 동일하게 동작시킬 수 있을까? 만약 그렇다면 추가 부품으로 무엇이 필요한지 찾아보자.

엑스비로 디지털 데이터 이외에 아날로그 데이터를 처리할 수 있는 센서도 쉽게 연결해서 사용할 수 있다. 송신부는 포텐셔미터를 엑스비에 연결하여 아날로그 신호를 송신하는 동작을 실습하고, 수신부는 LED를 엑스비에 연결하여 아날로그 신호를 수신하고 LED 불빛 밝기 변화로 실습한다.

　이 책에서 소개하는 엑스비 아날로그 노드에는 광센서, 온도센서 등의 다양한 용도 이외에 센서의 출력 형태가 4~20mA의 전류 모드와 10V 전압 모드 신호 등으로 표현되는 센서들을 연결할 수 있다. 필요에 따라서는 모터와 같은 액츄에이터를 아날로그 값의 변화에 따라 구동할 필요가 있을 때, 별도의 어댑터를 추가로 사용해야 할 수도 있다. 그렇지만 이 책에서는 다양한 센서 출력 형태의 더 많은 예제들을 다루지 못하는 점을 아쉽게 생각한다.

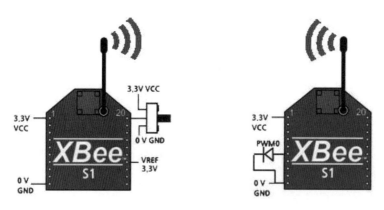

그림 4-13　엑스비 노드 아날로그 통신

엑스비 아날로그 송신부 만들기

아날로그 데이터를 처리할 수 있는 엑스비 송신부를 만드는 방법에 대하여 소개한다. 엑스비에는 ADC 설정 방법이 있는데, 간단히 설명하면 아날로그 신호를 디지털 신호로 변환하여 송신하는 기능을 수행한다.

이번 실습에서는 아날로그 데이터를 생성하기 위한 부품으로 10KΩ 포텐셔미터를 선택하여 수행한다.

소요 부품 목록

- 엑스비 USB어댑터 1개
- 엑스비 어댑터 1개
- 엑스비(S1) 2개
- 브래드보드 1개
- 10KΩ 포텐셔미터 1개
- 점퍼선
- AA배터리 홀더 전원 1개
- 실습용 컴퓨터(PC) 1대

실습 순서 및 방법

(1) 포텐셔미터와 엑스비 브래드보드에 연결

송신부 구성 방법은 별도의 엑스비 어댑터에 엑스비를 연결하고, 다시 그 어댑터를 브래드보드에 연결하는 방법을 사용한다.

엑스비와 포텐셔미터를 점퍼선으로 연결하는 방법은 아래 엑스비 어댑터 핀을 사용하면 엑스비와 쉽게 연결할 수 있다. 엑스비 1번 핀(VCC)에 3.3V 전압, 10번 핀(GND)에 접지, 14번 핀(VREF)에 3.3V 전압을 공급하고, 아날로그 신호 입력을 위하여 20번 핀(I/O)에 포텐셔미터 중간 단자를 연결하면 된다. 포텐셔미터 양쪽 두 개의 단자에는 각각 3.3V 전압과 접지를 방향에 관계없이 연결하면 된다.

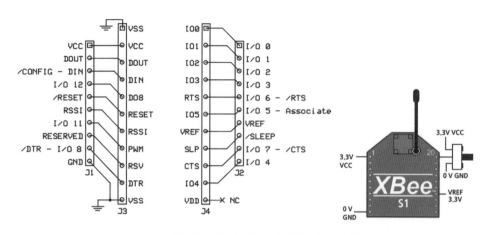

그림 4-14 엑스비 어댑터 핀번호 및 엑스비 연결 회로

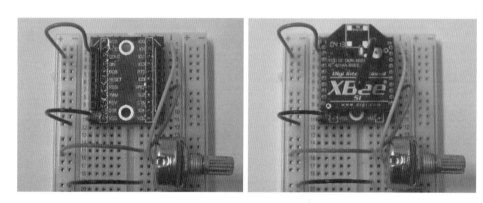

그림 4-15 엑스비 아날로그 송신부

(2) 송신부 엑스비 설정 변경

엑스비를 단순히 Tx/Rx 시리얼 통신용으로만 사용하지 않고, 안테나의 또 다른 핀들을 사용하여 신호처리하려면 반드시 내부 설정을 변경하여야 한다. 지금부터 설명하는 설정 변경 방법은 안테나의 아날로그 입력(INPUT)핀을 사용하기 위한 방법이다. 조금 전 구성한 엑스비 아날로그 송신부에 부착된 안테나를 그림 4-16과 같이 엑스비 USB어댑터에 연결하고 PC의 USB 포트에 연결해야 한다. 다음으로 X-CTU 프로그램을 켜고, 엑스비가 정상적으로 인식되는지를 확인한 다음 modem configuration 탭을 눌러 설정들을 변경한다.

그림 4-16　**PC에 연결된 엑스비**

앞서 4-1절에서 엑스비의 내부 설정을 변경한 실습을 시도한 이후, 지금의 실습을 진행한다면 이전의 엑스비 내부 설정을 공장 모드로 초기화하는 설정이 필요할 수도 있다. 현재 사용 중인 안테나의 내부 설정 상태가 어떤 상태인지 modem configuration 탭에서 Read 버튼을 눌러 확인해 보자.

지금부터 설명하는 상세한 변경 방법들은 초기 상태의 안테나에서 아날로그 송신부로 동작하도록 한다.

송신부 안테나의 MY 주소는 '1'로 선택했다. 물론 0~FFFF 사이의 다른 값을 선택해도 좋다. DL 주소는 수신부 안테나 주소를 설정하면 된다. 이 실습에서는 수신부 안테나 MY 주소를 '2'로 설정한다. 따라서 DL 주소를 '2'로 설정한다. D0 입력에서 아날로그 입력의 경우 설정 값은 '2'로 하면 된다. 마지막으로 IR 값은 헥사(hexa decimal) 값으로 '14'를 설정한다. 이 값은 10진수로 20 ms에 해당한다.

터미널 모드에서 AT 명령어를 사용하여 동일한 방법으로 설정할 수 있다. 조금 익숙해지면 아마도 모뎀 설정 화면(modem configuration)에서 안테나 설정을 다루는 것보다 더 쉽고 편리하다고 생각할 수 있다. 그림 4-17을 참고하여 따라해 보자.

AT 명령어를 사용할 때 맨 처음 사용하는 "+++" 명령어 입력 후에는 엔터를 사용하면 안 된다. 가만히 기다리면 데이터 모드에서 명령어 모드로 전환하면서 OK 표시가 나타난다. 다음 명령어 작업에서는 반드시 <엔터> 명령을 사용해야만 한다. 명령어 모드에서 수 초간 작업하지 않으면 자동으로 데이터 모드로 전환되므로 즉시 작업을 진행해야만 한다. 마지막으로 한 가지 ATRE 명령은 이전까지의 안테나 설정이 변경된 조건들을

모두 공장 초기화 모드로 전환하는 용도로 사용한다. 여러분도 사용법을 꼭 익히면 유익
하리라 생각한다.

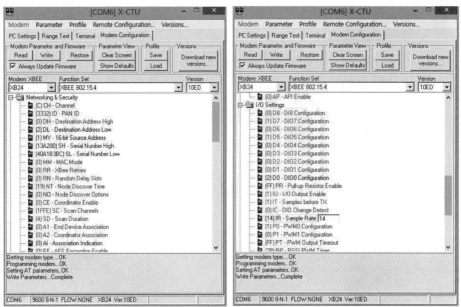

그림 4-17   엑스비 송신부 설정 화면

엑스비 아날로그 수신부 만들기

아날로그 데이터를 수신하기 위한 엑스비 노드를 구성해 보자. 앞 절에서 디지털 데이터 수신용 노드를 실습해보았으므로 아날로그 데이터를 출력할 수 있는 노드로 변경하기만 하면 된다.

이번 실습에서는 엑스비의 아날로그 출력을 PWM 방식으로 표현하기 위하여 PWM0 (RSSI) 핀을 사용한다.

소요 부품 목록

- 엑스비 USB어댑터 1개
- 엑스비 어댑터 1개
- 엑스비(S1) 2개
- 브래드보드 1개
- LED 1개
- 점퍼선
- AA배터리 홀더 전원 1개
- 실습용 컴퓨터(PC) 1대

실습 순서 및 방법

(1) 엑스비를 브래드보드에 연결

아날로그 LED 수신부 노드 구성도 송신부 노드를 구성하는 방법과 유사하다. 엑스비 전원 공급을 위해 1번 핀과 10번 핀에 각각 3.3V 전압과 접지를 연결하고, PWM 출력 표시를 위해 LED의 양극(+)을 6번 핀(RSSI)에 연결하면 된다. 물론 LED의 음극(−)은 접지에 연결해야 한다.

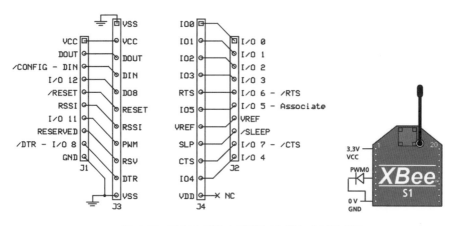

그림 4-18 엑스비 어댑터 핀번호 및 엑스비 연결 회로

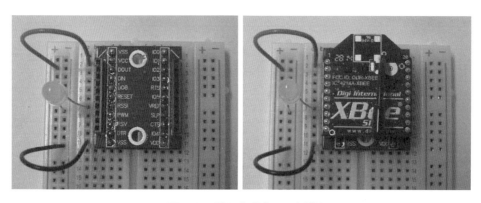

그림 4-19 엑스비 아날로그 수신부

(2) 수신부 엑스비 설정 변경

수신부의 설정 방법도 송신부 설정 방법과 매우 유사하다. 다만 세부 조건이 조금 다를 뿐이다. 사용하려는 엑스비의 상태를 Read 버튼을 눌러 확인하고, 다시 실습에 필요한 새로운 조건으로 변경해야 한다.

아래 그림들을 참고하여 수신부 안테나의 조건들을 변경하여 보자. 그림 4-20은 모뎀 설정(modem configuration) 화면에서 작업하는 경우와 AT 명령어를 사용하는 방법 모두를 소개한다. 두 가지 방법 중 한 가지만 사용하면 된다.

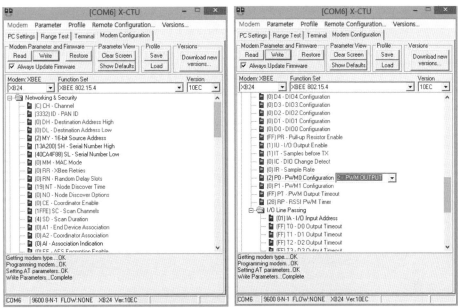

그림 4-20 엑스비 수신부 설정 화면

(3) 아날로그 데이터 송수신 테스트

지금까지 설정 변경된 송신부 및 수신부 엑스비를 각각 엑스비 어댑터에 연결하고, 3.3V 배터리 전원을 공급한 후 포텐셔미터의 손잡이를 천천히 돌리면, LED의 불빛 밝기가 점차 변하는지 살펴볼 차례이다.

포텐셔미터 회전 상태에 따라 아날로그 신호의 값은 서서히 변하고, 그 값의 변화에 따라 LED의 불빛 밝기가 바뀌게 된다. 어두워졌다 밝아지는지 확인해 보자!

그림 4-21 엑스비 아날로그 송신부와 수신부

 요약

엑스비만으로 통신 노드를 구성하고 아날로그 상태로 동작시키는 실습에 대하여 살펴보았다. 엑스비만으로 꽤 다양한 작업들을 수행할 수 있다는 점을 확인할 수 있는 실습이기도 하다. 물론 아두이노와 같은 마이컴이 지원하는 많은 수량의 입출력 수량에는 미치지 못하지만, 간단한 한두 가지 목적으로 사용하기에는 부족함이 없을 수 있다. 앞서 설명한 바와 같이 엑스비만으로 구성된 노드는 저전력 저가격 및 경량화와 더불어 노드의 부피도 작아지는 효과가 있다.

여러분들의 엑스비 응용에 있어서 많은 도움이 되기를 바란다.

 추가 프로젝트

1. 실습의 입력 신호를 위해 사용된 포텐셔미터를 다른 종류의 간단한 센서로 바꾸는 실습을 시도해 보자. 여러분은 어떤 센서를 선택할 것인가? 여러분 각자가 임의로 선택한 센서를 포텐셔미터와 대체할 때 정상적인 신호 전달이 가능할지 스스로 검토해보자.

2. 실습에서 사용한 엑스비-엑스비 노드 구성에서 하나의 노드를 마이컴과 연결된 노드로 변경하여 동일한 실습이 가능한지 검토해보자.

하나의 아두이노 마이컴에서 두 개 시리얼 통신 사용

다양한 통신 네트워크를 구성하기 위하여 두 가지 이상의 통신 방식을 사용할 수도 있다. 물론 엑스비만으로 이미 다양한 목적의 네트워크를 구성하는 것이 가능하지만, 조금 색다른 통신 사용 방식에 대하여 설명하려고 한다.

이 절에서는 USB 시리얼 통신으로 코디네이터 엑스비 노드와 PC 사이에서 통신하고, 또 다른 다수의 엑스비 노드들과 코디네이터 노드들은 엑스비 통신을 하는 방법에 관한 것이다. 이 방법은 또 다른 통신 방식 조합의 데이터 통신에도 유용하게 사용될 수 있다.

그림 4-22 두 개의 시리얼 통신 함께 사용

그림 4-22에서 소개된 프라이비 화이트(FRIBEE white)는 엑스비 통신을 편리하게 사용할 수 있도록 제작된 아두이노 호환 보드이다. 따라서 아두이노를 활용해 본 경험이 있으면 프라이비 역시 쉽게 사용할 수 있다.

프라이비는 엑스비 통신과 USB 통신을 하드웨어 딥스위치를 사용하여 선택할 수 있다. 그렇지만, 이번 실습에서는 USB 통신과 엑스비 통신을 함께 사용하기 위하여 하드웨어 딥스위치는 사용하지 않는다(아래 그림과 동일한 방향으로 선택).

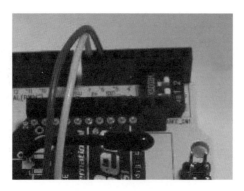

그림 4-23　딥스위치 방향

엑스비 시리얼 통신을 위하여 소프트웨어 시리얼 방법을 사용한다. 그래서 엑스비의 2번 DOUT 핀과 3번 DIN 핀을 프라이비의 디지털 핀 6번(Rx) 7번(Tx)에 점퍼선으로 각각 연결하면 된다. 엑스비의 핀 번호는 표 1-1을 참고한다.

그림 4-24　프라이비에서 엑스비를 소프트웨어 시리얼로 연결

하드웨어 구성이 완성되었다면 아래 스케치를 프라이비에 업로드하여 두 가지 종류의 데이터 통신이 가능한지 테스트하여 보자.

```
#include <SoftwareSerial.h>
#define Rx      6
#define Tx      7
SoftwareSerial xbeeSerial (Rx, Tx);

void setup() {
  Serial.begin(9600);
  xbeeSerial.begin(9600);
  delay(500);
}
void loop() {
  if(Serial.available()>0) {
    char val = Serial.read();
    xbeeSerial.print(val);
  }
  if(xbeeSerial.available()>0) {
    char xbeeVal = xbeeSerial.read();
    Serial.println(xbeeVal);
  }
  delay(50);
}
```

지금까지 소개된 엑스비 통신 실습들을 두 개 시리얼 통신을 함께 사용하는 실습과 결합하면 더 다양한 실습 예제들이 만들어 질 수 있다. 여러분들의 창의적인 노력이 더해지면 꽤 의미 있는 통신 환경 구축 사례가 만들어질 수도 있다.

다양한 주제들을 함께 고민하고 시도하여 보자!

1:N 스타 통신망을 구축하는 작업도 여러 명이 함께 실습하는 환경이라면 시도해볼 주제이다. 팀 프로젝트로서 훌륭한 실습 주제가 될 수 있다.

CHAPTER

5

엑스비 에너지 모드 설정

이 장은 엑스비 통신 네트워크에서 각 노드의 에너지 상태를 최적화하여 사용할 수 있는 에너지 절약 모드와 깨우기 모드를 각각 설명한다.

이 장에서는 주로 센서 노드로 사용하는 엑스비에서의 전력 소모를 최소화하는 방법에 대하여 살펴본다. 엑스비는 대기 상태에서도 50mA 정도의 전류를 소모한다. 그래서 센서 노드가 데이터를 송신하는 순간을 제외하고 나머지 시간 동안 휴면 모드로 전환하면 동일한 배터리 전원으로도 오랫동안 사용할 수 있다.

그렇지만, 안테나가 한 번 휴면 모드로 들어가면 더 이상 시리얼 데이터를 수신할 수 없는 문제점이 있기 때문에 통신망을 설계할 때 충분히 고려해야 한다.

휴면 모드로 들어가는 방법은 두 가지가 있는데, 한 가지는 SLEEP_RQ 입력핀(9번 핀)을 사용하는 방법이고, 나머지 한 가지는 휴면 모드(sleep mode)와 활성 모드(awake mode)를 주기적으로 반복하는 사이클릭 휴면 모드(cyclic sleep mode)로 사용하는 방법이다. 휴면 모드 AT 명령어는 SM이고, 기본 값은 '0'(No sleep)을 나타낸다.

이때 한 가지 유의할 점은 휴면 모드로 들어가려면 반드시 시리얼 버퍼에 어떤 데이터도 존재하지 않는 빈 상태가 되어야 한다. 만약 이 조건이 성립하지 않으면 엑스비는 휴면 모드로 전환될 수 없다.

휴면 모드를 변경하기 위한 SM 값은 1, 2 그리고 4-5 값들 중에서 선택해서 사용할 수 있다. SM=1, 2는 안테나와 연결된 마이컴에서 안테나의 SLEEP_RQ 핀을 HIGH 상태로 전원을 유지하여 휴면 모드를 만들 수 있고, 안테나의 SLEEP_RQ 핀의 전원 상태를 LOW 상태로 전환하여 활성 모드로 전환할 수도 있다. SM=1일 때 가장 에너지 소모율이 낮은 상태를 유지할 수 있고, SM=2일 때 빨리 활성 모드로 전환할 수 있는 특징이 있다.

SM=4, 5는 주기적으로 휴면 모드와 활성 모드를 반복하는 상태를 만들 수 있다. 반복 주기에서의 휴면 모드 시간은 SP 명령으로 설정할 수 있고, 휴면 모드 이전의 시간은 ST 명령으로 설정할 수 있다. 특히, SM=5인 경우 ST 명령과 함께 SLEEP_RQ 핀을 추가로 사용할 수도 있다.

표 5-1 엑스비 휴면 모드 명령어

Mode		사용 설명	특징	기본값
SM	1	SLEEP_RQ(핀9)가 High이면 휴면 모드, Low이면 활성 모드	가장 낮은 전력 소모율(〈10uA)	0
	2	SLEEP_RQ(핀9)가 High이면 휴면 모드, Low이면 활성 모드	빠른 활성 모드 시간(〈50uA)	
	4	Cyclic Sleep 모드 설정	전력 소모율은 SP 시간에 달려있음 (휴면 모드일 때 〈50uA)	
	5	Cyclic Sleep 모드 설정 휴면 모드로 들어가거나 깨어날 때 SLEEP_RQ 핀을 추가로 사용할 수 있음	전력 소모율은 SP 시간에 달 려있음 (휴면 모드일 때 〈50uA)	
SP		Cyclic Sleep 모드에서 슬립 시간 설정	최대 슬립 시간은 268초	0x64
ST		Cyclic Sleep 모드에서 휴면 모드 이전의 시간 설정 (휴면 모드 이전 어떤 데이터 수신도 보내지거나 수신되지 않는 시간)	SM=4, 5 조건에서만 사용할 수 있음	0x1388

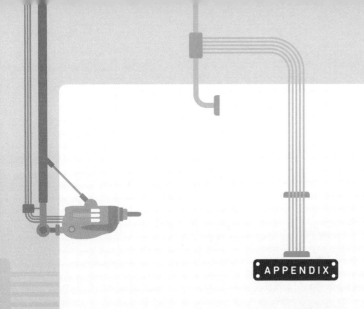

APPENDIX

부록

(엑스비에 사용된 숫자 값들은 16진수를 사용한다. 숫자 앞에 "0x"가 표시된 값들은 16
진수이며, 10진수를 표시하는 경우 숫자 뒤에 "d"를 표시한 값이다.)

AT Com-mand	Command Category	Names and Description	Parameter Range	Default
BD	Serial Interfacing	**Interface Data Rate.** Set/Read the serial interface data rate for communication between module serial port and host.	0-7 (custom rates also supported)	3
CC	AT command mode options	**Command Sequence Character.** Set/Read the ASCII character value to be used between Guard Times of the AT command Mode Sequence (GT+CC+GT). The AT Command Mode Sequence enters the module to AT Command Mode.	0-0xFF	0x2B ('+' ASCII)
CH	Networking & Security	**Channel.** Set/Read the channel number used for transmitting and receiving between modules. Uses 802.15.4 protocol channel numbers.	0x0B-0x19	0x0C (12d)
CN	AT command mode options	**Exit Command Mode.** Explicitly exit AT Command Mode.	-	-
CT	AT command mode options	**AT Command Mode Timeout.** Set/Read the period of inactivity (no varid commands received) after which the module automatically exits AT Command Mode and returns to idle Mode.	2-0xFFFF [x 100ms]	0x64 (100d)
D0	Diagnostics	**AD0/DIO0 Configuration.** Select/Read function for AD0/DIO0.	2-5	1

AT Com-mand	Command Category	Names and Description	Parameter Range	Default
DB	Diagnostics	**Received Signal Strength.** Read signal level [in dB] of last good packet received (RSSI). Absolute value is reported. (For example: 0x58 = -88 dBm) Reported value is accurate between -40 dBm and RX sensitivity.	0-0x64 [read-only]	-
DH	Networking & Security	**Destination Address High.** Set/Read the upper32 bits of the 64-bit destination address. When combined with DL, it defines the destination address used for transmission. To transmit using a 16-bit address, set DH parameter to zero and DL parameter less than 0xFFFF. 0x000000000000FFFF is the broadcast address for the PAN.	0-0xFFFFFFFF	0
DL	Networking & Security	**Destination Address Low.** Set/Read the upper32 bits of the 64-bit destination address. When combined with DH, it defines the destination address used for transmission. To transmit using a 16-bit address, set DH parameter to zero and DL parameter less than 0xFFFF. 0x000000000000FFFF is the broadcast address for the PAN.	0-0xFFFFFFFF	0
GT	AT command mode options	**Guard Times.** Set required period of silence before and after the Command Sequence Characters of the AT Command Mode Sequence (GT+CC+GT). The period of silence is used to prevent inadvertent entrance into AT Command Mode.	0x02-0xFFFF [x 1ms]	0x3E8 (1000d)
ID	Networking & Security	**PAN ID.** Set/Read the PAN (Personal Area Network) ID. 0xFFFF indicates a message for all PANs.	0-0xFFFF	0x3332 (13106d)

AT Com- mand	Command Category	Names and Description	Parameter Range	Default
MY	Networking & Security	**16-bit Source Address.** Set/Read the module 16-bit source address. Set MY = 0xFFFF to disable reception of packets with 16-bit addresses. 64-bit source address (serial number) and broadcast address (0x000000000000FFFF) is always enabled.	0-0xFFFF	0
P0	Diagnostics	**PWM0 Configurations.** Select/Read function for PWM0.	0-1	1
PL	RF Interfacing	**Power Level.** Select/Read power level at which the module transmits.	0-4	4
RE	(Special)	**Restore Defaults.** Restore module parameters to factory defaults. Follow with WR command to save values to non-volatile memory.	-	-
RN	Networking & Security	**Random Delay Slots.** Set/Read the minimum value of the back-off exponent in the CSMA-CA algorithm that is used for collision avoidance. If RN = 0, collision avoid ance is disabled during the first iteration of the algorithm (802.15.4 - macMinBE)	0-5	0
RO	Serial Interfacing	**Packetization Timeout.** Set/Read number of character times of inter-character delay required before transmission. Set to zero to transmit characters as they arrive instead of buffering them into one RF packet.	0-0xFF [x character times]	3
RP	Diagnostics	**RSSI PWM Timer.** Enable a PWM (pulse width modulation) output (on pin 3 of the modules) which shows RX signal strength.	0-0xFF [x 100 ms]	0x28 (40d)

AT Com-mand	Command Category	Names and Description	Parameter Range	Default
SH	Diagnostics	**Serial Number High.** Read high 32 bits of module's unique IEEE 64-bit address. 64-bit source address is always enabled.	0-0xFFFFFFFF [read-only]	Factory-set
SL	Diagnostics	**Serial Number Low.** Read low 32 bits of module's unique IEEE 64-bit address. 64-bit source address is always enabled.	0-0xFFFFFFFF [read-only]	Factory-set
SM	Sleep (low power)	**Sleep Mode.** Set/Read Sleep Mode. Pin Hibernate (SM = 1) requires the least amount of power. Pin Doze (SM = 2) provides the fastest wake-up. Power consumption of Cyclic Sleep option (SM = 4 − 6) is dependent upon sleep periods defined by the SP (Cyclic Sleep Period) parameter.	0-6	0
SP	Sleep (low power)	**Cyclic Sleep Period.** Set/Read sleep period for cyclic sleeping remotes. Maximum sleep period is 268 seconds (0x68B0)	0x01 - 0x68B0 [x 10 ms]	0x64 (100d)
ST	Sleep (low power)	**Time before Sleep.** Set/Read time period of inactivity (no serial or RF data is sent or received) before activating Sleep Mode. The ST parameter is only valid with Cyclic Sleep setting (SM = 4 − 6). Set ST on Cyclic Sleep Coordinator to match Cyclic Sleep Remotes.	0x01 - 0xFFFF [x 1 ms]	0x1388 (500d)
VR	Diagnostics	**Firmware Version.** Read modem firmware version number.	0 - 0xFFFF [read only]	Factory-set
WR	(Special)	**Write.** Write parameter values to module's non-volatile memory so that modifications persist through subsequent power-up or reset.	-	-

아두이노와 함께 무선통신을 사용하는 방법으로 엑스비/지그비 이외에 블루투스 통신을 사용할 수 있다. 안드로이드 스마트폰에는 엑스비/지그비 통신 기능은 내장되어 있지 않지만, 블루투스와 와이파이(WiFi) 통신 기능은 내장되어 있어서 편리하다.

여기서는 안드로이드 폰의 블루투스 통신 방법에 대하여 간단히 설명한다. 아두이노를 블루투스 통신으로 스마트폰과 연결하려면 먼저 아두이노에 연결할 블루투스 안테나가 필요하다. 시중에 판매 중인 블루투스 안테나 종류는 매우 많아서 모두 열거하기 어려울 정도이다. 많은 종류의 제품들 중에서 엑스비형 소켓을 그대로 사용하면서 블루투스 통신을 시도할 수 있는 안테나들을 소개한다.

그림 A-1   엑스비 소켓형 블루투스 안테나 종류들

그림으로 소개한 블루투스 안테나의 사용법은 거의 비슷하다. 엑스비 통신을 사용하기 위한 하드웨어 구성에서 간단히 블루투스 안테나만 교체하여 통신 방식을 변경할 수 있다. 제2장 그림 2-1에서 소개한 바와 같이 블루투스 통신은 엑스비/지그비 통신 수단보다 데이터 전송률이 높다. 그래서 더 많은 데이터 통신을 필요로 하는 경우 적합할 수 있다.

그리고 Roving Network 사의 블루투스 안테나 제품은 class1 모듈과 class2 모듈을 가지고 있어서 class2 모듈의 통신 거리는 약 20미터이지만, class1 모듈의 통신 거리가 100미터 정도여서 안테나를 교체하는 방법으로 간단히 통신 거리를 확장할 수도 있다.

안드로이드 스마트폰에서 프라이비에 연결된 LED의 불빛을 블루투스 통신으로 켜고 끄는 간단한 예제를 실습하여 보자.

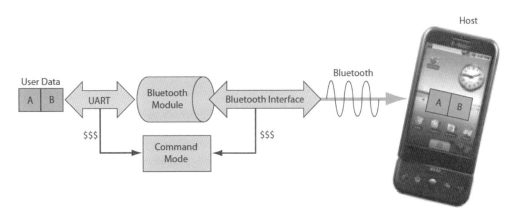

그림 A-2　블루투스 데이터 모드와 명령어 모드

먼저 실습에 사용하는 스마트폰에서의 프로그래밍은 앱 인벤터를 사용할 것이다. 공개 소프트웨어인 앱 인벤터 프로그램을 웹 주소(http://appinventor.mit.edu/explore/)에서 다운받아 설치하자. 상세한 프로그램 설치 방법은 여기서는 생략할 것이다. 추가 정보가 필요한 분이면 프라이봇 블로그 검색창에서 필요한 정보를 찾아보자!

앱 인벤터를 시작할 준비가 되었다면, 아래 디자인을 따라해보자. 아래 프로그램은 스마트폰에서 두 개의 버튼을 사용하여 하나의 버튼에서는 '1'을 전송하고, 나머지 하나의 버튼에서는 '2'를 전송하는 간단한 프로그램이다. 그래서 블루투스 통신이 연결되면 두 개의 버튼 중 하나는 LED의 불빛을 켜는 용도로 사용하고, 나머지 하나는 LED의 불빛을 끄는 용도로 사용한다.

```
when Button1 ▾ .Click
do   call BluetoothClient1 ▾ .SendText
                             text   " 1 "

when Button2 ▾ .Click
do   call BluetoothClient1 ▾ .SendText
                             text   " 2 "

when ListPicker1 ▾ .BeforePicking
do   set ListPicker1 ▾ . Elements ▾ to   BluetoothClient1 ▾ . AddressesAndNames ▾

when ListPicker1 ▾ .AfterPicking
do   evaluate but ignore result   call BluetoothClient1 ▾ .Connect
                                        address   ListPicker1 ▾ . Selection ▾

when Clock1 ▾ .Timer
do   if   BluetoothClient1 ▾ . IsConnected ▾
     then set Label1 ▾ . TextColor ▾ to   
          set Label1 ▾ . Text ▾ to   " Is connected "
```

그림 A-3   앱인벤터 Design

앱 인벤터에서 위 디자인이 작성되었다면, 실습에 사용할 스마트폰으로 앱을 다운로
드한다. 다음 단계로 프라이비에 LED 양극을 디지털 7번 핀에 연결하고 직렬로 220Ω
저항을 연결한 다음 나머지 한쪽을 접지(GND)에 연결한다. 아래 그림을 참고하여 하드
웨어를 구성한 다음 프라이비에 스케치를 업로드한다.

그림 A-4   프라이비 블루투스 안테나 노드

```
void setup() {
    Serial.begin(115200);
    pinMode(7, OUTPUT);
    // Set the parameters for the RN42 Bluetooth antenna
    Serial.print("$$$");
    // Bluetooth AT Command mod begin
    delay(3000);
    Serial.print("SI,0800 \r");
    // Android phone reliable pairing time
    delay(100);
    Serial.print("SJ,0800 \r");
    // Android phone reliable pairing time
    delay(100);
    Serial.print("SH,0000 \r");
    // Set the HID flag for keyboard
    delay(100);
}

void loop() {
    if (Serial.available()) {
        byte val = Serial.read();
        if (val == '1') {
            digitalWrite(7, HIGH);
            delay(10);
        }
        if (val == '2') {
            digitalWrite(7, LOW);
            delay(10);
        }
        else
            delay(1);
    }
}
```

스케치 업로드가 성공했다면, 실습에 사용된 RN-42 블루투스 안테나(Class 2)를 연결한다. 그리고 프라이비의 시리얼 통신 딥스위치 방향을 엑스비 통신 방향으로 전환한 후, 블루투스 안테나 설정에 사용될 스케치 setup() 함수 내의 AT 명령어들이 블루투스 안테나에 적용될 수 있도록 프라이비의 리셋(RESET) 스위치를 누른다.

프라이비 화이트 딥스위치 선택	
USB 시리얼 통신	**엑스비 시리얼 통신**
PC와 아두이노 데이터 통신을 **USB 케이블로 연결**하는 경우에 사용하는 딥스위치 방향	PC와 아두이노 데이터 통신을 **Xbee 안테나를 이용하여 무선으로 연결**하는 경우의 딥스위치 방향

아래 그림들은 블루투스 안테나가 연결된 프라이비 통신 노드의 장면이다. 만약 스마트폰과의 연결이 잘 이루어지지 않는다면 리셋 스위치를 한 번 더 눌러보자.

그림 A-5　**RN-42 블루투스 안테나가 연결된 프라이비 통신 노드**

　엑스비(Xbee) 무선아두이노 FUN!

스마트폰과 프라이비가 블루투스 통신을 연결할 준비가 완료되었다. 이제 스마트폰으로 다운로드 받은 앱을 활성하고, 블루투스 찾기를 누르면 사전 등록된 블루투스 안테나들이 나타날 것이다. 그중에서 현재 사용할 안테나를 찾아 누르면 쉽게 연결될 것이다.

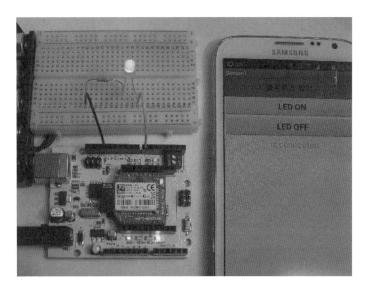

그림 A-6   스마트폰과 블루투스 통신으로 프라이비 LED 제어

초록색으로 "be connected"라는 표시와 함께 블루투스 통신이 연결되면, LED ON 또는 LED OFF 버튼을 눌러 무선으로 LED의 불빛을 켜고 끄는 실습을 수행할 수 있다.

실습에 사용 중인 스마트폰에는 가속도계 또는 컴퍼스 등의 고성능 센서들이 이미 내장되어 있다. 여러분은 실습에서 사용한 버튼 동작보다 더 정교하고 신뢰할 수 있는 다양한 동작 표현으로 LED의 불빛을 제어할 수도 있을 것이다. 여러분 모두에게 유익한 실습 기회가 되기를 바란다.

와이파이(WiFi) 통신을 가능하게 하는 부품의 종류 역시 아주 많다. 그렇지만, 이 책이 소개하고 있는 엑스비를 위한 하드웨어 구조에서 간단히 안테나만 바꿔 와이파이 통신을 시도할 수도 있다. 아두이노에 연결할 수 있는 와이파이 안테나의 모양과 종류 역시 매우 많지만, 이 책에서는 엑스비/지그비 통신 환경에서 와이파이를 쉽게 사용할 수 있는 방법을 소개하고자 한다.

와이파이 통신은 아두이노와 같은 마이컴을 TCP/IP 인터넷에 무선으로 쉽게 연결할 수 있는 장점이 있다. RJ45 인터넷 포트가 내장된 이더넷 쉴드를 사용하거나, 유선 인터넷 포트를 지원하는 보드를 사용할 수도 있지만, 간단한 센서 데이터를 인터넷으로 연결하려면 매우 유용한 수단이 될 수 있다.

최근 엑스비/지그비 안테나를 제공하는 디지(Digi)사에서 와이파이 안테나를 마치 엑스비처럼 사용할 수 있도록 공급하고 있다. 엑스비형 와이파이 모듈 S6B 모델은 외형이 엑스비처럼 소켓 형태로 제작되고, 실제 안테나 사용 방법도 엑스비 설정과 유사하여 망을 쉽게 구성할 수 있다. 쉽게 말하자면 와이파이 통신 수단으로 엑스비 네트워크와 같이 구성할 수 있도록 지원한다는 의미이다.

이 책 부록에서 보다 상세하고 다양한 사용 방법들을 소개하기는 어렵다. 다만, 더 많은 이해와 관심을 가지고 유용하게 사용되기를 바란다.

그림 A-7 ˋ 엑스비형 와이파이 모듈

Platform	XBee Wi-Fi (S6B)
Features	
Serial Data Interface	UART up to 1 Mbps, SPI up to 6 Mbps
Configuration Method	API or AT commands
Frequency Band	ISM 2.4 GHz
ADC Inputs	4 (12-bit)
Digital I/O	10
Form Factor	Through-Hole, Surface-Mount
Antenna Options	Through-Hole: PCB (Embedded), U.FL, RPSMA, Integrated WireSMT: PCB (Embedded), U.FL, RF Pad
Operating Temperature	−30℃ to +85℃
Dimensions (L x W)	Through-Hole: 0.960 in x 1.297 in (2.438 cm x 3.294 cm) SMT: 0.87 in x 1.33 in x 0.12 in (2.20 cm x 3.40 cm x 0.30 cm)
Networking &Security	
Security	WPA-PSK, WPA2-PSK and WEP
Channels	13 channels
Wireless LAN	
Standard	802.11b/g/n
Data Rates	1 Mbps to 72 Mbps
Modulation	802.11b: CCK, DSSS802.11g/n: OFDM with BPSK, QPSK, 16-QAM, 64-QAM
Transmit Power	Up to +16 dBm (+13 dBm for Europe/Australia/Brazil)
Receiver Sensitivity	−93 to −71 dBm
Power Requirements	
Supply Voltage	3.14 − 3.46 VDC
Transmit Current	Up to 309 mA
Receive Current	100 mA
Power-Down Current	< 6 µA @ 25℃

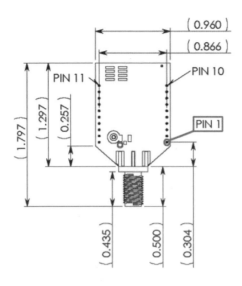

Pin Assignment for the XBee Wi-Fi Through-hole module

(Low-asserted signals are distinguished with a lower case n before the signal name.)

Pin #	Name	Direction	Default State	Description
1	VCC	-	-	Power Supply
2	DIO13/DOUT	Both	Output	UART Data out
3	DIO14/DIN/nCONFIG	Both	Input	UART Data In
4	DIO12/SPI_MISO	Both	Disabled	GPIO/ SPI slave out
5	nRESET	Input	Input	Module Reset
6	DIO10/RSSI PWM/PWM0	Both	Output	RX signal strength indicator/GPIO
7	DIO11/PWM1	Both	Disabled	GPIO
8	reserved	-	-	Do Not Connect
9	DIO8/nDTR/SLEEP_RQ	Both	Input	Pin Sleep Control line /GPIO
10	GND	-	-	Ground
11	DIO4/SPI_MOSI	Both	Disabled	GPIO/SPI slave In
12	DIO7/nCTS	Both	Output	Clear-to-Send Flow Control/GPIO
13	DIO9/ON_nSLEEP	Both	Output	Module Status Indicator/GPIO
14	VREF	-	-	Not connected
15	DIO5/ASSOCIATE	Both	Output	Associate Indicator/GPIO
16	DIO6/nRTS	Both	Input	Request-to-Send Flow Control/GPIO
17	DIO3/AD3 /SPI_nSSEL	Both	Disabled	Analog Input/GPIO/SPI Slave Select
18	DIO2/AD2 /SPI_CLK	Both	Disabled	Analog Input/GPIO/SPI Clock
19	DIO1/AD1 /SPI_nATTN	Both	Disabled	Analog Input/GPIO/SPI Attention
20	DIO0/AD0/CB	Both	Disabled	Analog Input/Commissioning Button/GPIO

(자료출처: www.sparkfun.com)

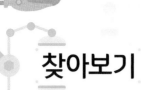

찾아보기

XBee 무선 아두이노 실습키트

무선 아두이노 키트-A

무선 아두이노 키트-B

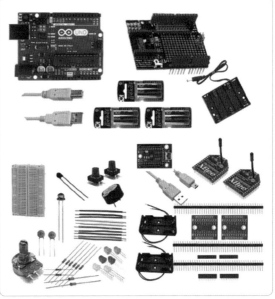

* 엑스비 무선 아두이노 교재 실습용 키트

* 초보자용 무선 아두이노 실습용 키트

* IOT 교육 실습용 키트

WWW.FRIBOT.COM

Tel: 0505-305-8000

e-mail: mail@fribot.com

blog: fribot.blog.me

cacao talk ID: fribot